パワーエレクトロニクスの新展開
Recent Development of Power Electronics

《普及版／Popular Edition》

監修 大橋弘通，木本恒暢

シーエムシー出版

最高温度 = 250.8 ℃

第1章7節-図15　SiC IPM高温動作時の熱分布イメージ

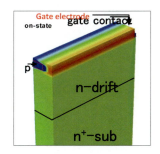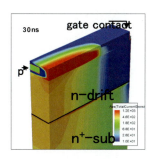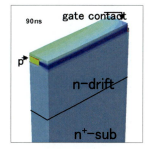

第1章8節-図12　ターンオフ動作時の電流分布

巻　頭　言
―パワーエレクトロニクス応用への期待―

　温室効果ガス排出に伴う地球温暖化問題は，人類が解決すべき21世紀最大の課題のひとつである。資源エネルギー庁が2005年に作成した「超長期エネルギー技術ビジョン」では，炭酸ガスなどの温室効果ガス放出を2050年までに半減するには，最終エネルギーの電力化率を現在の20％から50％にする必要があるとしている。最終エネルギーの半分を電力で供給する施策を実施することで，現行技術で推移した場合に予測される最終エネルギー消費を40％以上抑制することを試算している。これによりエネルギーの安定供給，生活環境の維持及び持続的な成長が相互に鼎立する高度電力化社会の実現を目指している。

　高度電力化社会では，電力供給と消費の全体最適化が必須条件であり，電気エネルギー有効利用に関わるパワーエレクトロニクスが「どこでも，だれにも，いつでも」使われるユビキタスな存在となることが予測される。経済産業省が2007年度に発表した「Cool Earth革新技術計画」では，2050年までに温室効果ガス放出を半減するために必要な「21の重要技術」を選択し，2030年までの実用化を狙っている。この中で分野横断技術としてパワーエレクトロニクスが取り上げられており，公的文書で初めてその重要性を裏付けている。

　半導体デバイスの集積化技術の発展により，マイクロエレクトロニクス（ME）システムの情報処理密度（ビット密度）は過去30年で約5桁近く向上し，個別部品による回路技術では不可能だった大規模なMEシステムがワンチップ化した。その結果，MEシステムは文字通りユビキタスな存在になっている。パワーエレクトロニクスの進歩に目を向けると，電力変換装置の出力パワー密度は過去30年で2桁以上も向上し，応用分野や電力容量にもよるが，現在は平均で$10W/cm^3$に迫っている。今後，パワーエレクトロニクスがより一層，ユビキタスな存在となって行くためには，MEシステムがビット密度の増加とそれに伴うビット当りの単価の大幅低減を実現したように，出力パワー密度の大幅な増加と，それによる電力変換装置のワット当りの単価の低減を可能にする技術の発展がその鍵を握っている。

　出力パワーを決定する電力変換装置の体積を占めている大きな要因は，パワーデバイスの冷却装置とインダクタ，トランス，コンデンサなどの受動部品の体積である。電力変換装置の変換効率を向上させながら，これらの体積を縮小するには，パワーデバイスの低損失化とスイッチング速度の向上が不可欠である。また，損失低下を損なう事なく高温動作できるデバイスも重要である。低損失化や高温動作は冷却装置体積を縮小する上で重要なデバイス性能である。また，スイ

ッチング速度の向上は受動部品の小型化に大きく寄与する。過去，パワーエレクトロニクス装置の高効率化と出力パワー密度の向上を果たす上で重要な役目を果たしてきた，シリコンのパワーデバイスの性能向上は材料限界が顕在化しつつあり，材料限界を突破する視点から，SiC，GaN，ダイヤモンドを使ったパワーデバイスの研究開発が盛んである。

　このような状況を念頭に，本書『パワーエレクトロニクスの新展開』は，次世代パワーエレクトロニクスのキイデバイスとなるワイドバンドギャップ半導体による先進パワーデバイスを軸に編集された。第1章はSiC，第2章はGaN，第3章はダイヤモンド，最後の第4章は，パワーエレクトロニクスの2大応用分野であるモータと電源の視点から応用の記述がなされている。高度電力化社会の本格的な進展に向けてユビキタスなパワーエレクトロニクスの浸透を加速する多様な応用の開拓に本書が役立つことを期待したい。

　　　　　　　　　　　　　　　　　　　　　　　　�独産業技術総合研究所　大橋弘通

普及版の刊行にあたって

本書は2009年に『パワーエレクトロニクスの新展開』として刊行されました。普及版の刊行にあたり，内容は当時のままであり加筆・訂正などの手は加えておりませんので，ご了承ください。

2015年8月

シーエムシー出版　編集部

執筆者一覧 (執筆順)

大橋 弘通	�独産業技術総合研究所　エネルギー半導体エレクトロニクス研究ラボ　プロジェクトマネージャー (招聘研究員)
木本 恒暢	京都大学　工学研究科　電子工学専攻　教授
大谷 昇	関西学院大学　SiC材料・プロセス研究開発センター　センター長；教授
児島 一聡	�産業技術総合研究所　エネルギー半導体エレクトロニクス研究ラボ
福田 憲司	�産業技術総合研究所　エネルギー半導体エレクトロニクス研究ラボ　SiCパワーデバイス技術統括
四戸 孝	㈱東芝　研究開発センター　電子デバイスラボラトリー
藤平 龍彦	富士電機デバイステクノロジー㈱　電子デバイス研究所　所長
岩室 憲幸	富士電機デバイステクノロジー㈱　電子デバイス研究所　WBG Gr マネージャー
中野 佑紀	ローム㈱　研究開発本部　新材料デバイス研究開発センター　研究員
三浦 峰生	ローム㈱　研究開発本部　新材料デバイス研究開発センター　研究員
川本 典明	ローム㈱　研究開発本部　新材料デバイス研究開発センター　研究員
大塚 拓一	ローム㈱　研究開発本部　新材料デバイス研究開発センター　准研究員
奥村 啓樹	ローム㈱　研究開発本部　新材料デバイス研究開発センター
中村 孝	ローム㈱　研究開発本部　新材料デバイス研究開発センター　センター長 (次席研究員)
田中 保宣	�産業技術総合研究所　エネルギー半導体エレクトロニクス研究ラボ　主任研究員
江川 孝志	名古屋工業大学　極微デバイス機能システム研究センター　センター長；教授
井手 利英	�産業技術総合研究所　エネルギー半導体エレクトロニクス研究ラボ　研究員
田中 毅	パナソニック㈱セミコンダクター社　半導体デバイス研究センター　所長
池田 成明	古河電気工業㈱　横浜研究所　GaNプロジェクトチーム　主査
鹿田 真一	�産業技術総合研究所　ダイヤモンド研究センター　副センター長
嘉数 誠	日本電信電話㈱　NTT物性科学基礎研究所　薄膜材料研究グループ・リーダー；主幹研究員
内藤 治夫	岐阜大学　工学部　人間情報システム工学科　教授
二宮 保	長崎大学　工学部　エネルギーエレクトロニクス学講座　教授

執筆者の所属表記は，2009年当時のものを使用しております。

目　次

第1章　SiC

1　SiC—可能性とその特徴—
　　……………………木本恒暢… 1
　1.1　はじめに ……………………… 1
　1.2　SiCのポリタイプ現象と結晶成長技術の概要 …………………… 2
　1.3　SiCの物性 …………………… 4
　1.4　SiCパワーデバイスの特徴 …… 8

2　SiC単結晶基板の高品質化技術
　　……………………大谷　昇… 14
　2.1　はじめに ……………………… 14
　2.2　SiC単結晶基板製造技術の概要 … 14
　2.3　SiC単結晶基板研磨技術の高品質化 …………………………… 16
　2.4　SiC単結晶基板中の結晶欠陥 … 17
　2.5　SiC単結晶基板の高品質化技術 … 20
　2.6　おわりに ……………………… 24

3　SiCエピタキシャル薄膜の多形制御技術
　　……………………児島一聡… 26
　3.1　はじめに ……………………… 26
　3.2　多形制御の基礎（オフ基板を用いたステップ制御エピタキシー）…… 27
　3.3　多形制御の新展開 …………… 28
　　3.3.1　背景 …………………… 28
　　3.3.2　Just基板上のエピタキシー技術 ……………………… 29
　3.4　おわりに ……………………… 37

4　SiCパワーMOSFETの開発
　　……………………福田憲司… 39
　4.1　SiCパワーMOSFET製造のための要素プロセスの現状と課題 …… 39
　　4.1.1　ソース／Pウエル形成用高温イオン注入／活性化アニール技術 ……………………… 39
　　4.1.2　SiCとソース／ドレイン電極間のオーミックコンタクト形成技術 ………………… 40
　　4.1.3　MOS界面形成技術 ……… 41
　　4.1.4　ゲート酸化膜の長期信頼性 … 43
　4.2　SiCパワーMOSFETの開発状況… 46
　4.3　SiCパワーMOSFETの応用 …… 47

5　Super-SBD ……………四戸　孝… 50
　5.1　超接合構造と浮遊接合構造 …… 50
　5.2　Super-SBDの基本構造 ……… 51
　5.3　4H-SiC Super-SBDの設計技術 … 51
　5.4　Super-SBDを実現するプロセス技術 …………………………… 55
　5.5　4H-SiC Super-SBD試作結果 … 58

6　SiC-MOSFETの信頼性および動作時のノイズ低減……藤平龍彦, 岩室憲幸… 62
　6.1　はじめに ……………………… 62
　6.2　なぜSiCが注目されているのか … 62
　6.3　SiC-MOSFETデバイスならびにモ

   ジュールの課題 …………………… 64
 6.4　まとめ …………………………… 68
7　高性能 4H-SiC SBD, MOSFET の開発
 と高温動作 SiC IPM ……………………
   ……中野佑紀, 三浦峰生, 川本典明,
  大塚拓一, 奥村啓樹, 中村　孝 … 70
 7.1　4H-SiC SBD ……………………… 70
  7.1.1　300A 大面積 4H-SiC SBD … 70
 7.2　SiC MOSFET …………………… 71
  7.2.1　4H-SiC DMOS デバイスプ
    ロセス ……………………… 72
  7.2.2　4H-SiC DMOS 電気的特性
    ………………………………… 73
  7.2.3　ゲート酸化膜の信頼性 ……… 73
 7.3　4H-SiC トレンチ MOSFET ……… 75
  7.3.1　4H-SiC トレンチ MOSFET
    デバイスプロセス ………… 75
  7.3.2　ドレイン電流の面方位依存性
    ………………………………… 76
  7.3.3　4H-SiC トレンチ MOSFET
    電気的特性 ………………… 76
 7.4　SiC IPM …………………………… 78
  7.4.1　高温動作 SiC IPM …………… 78
 7.5　まとめ …………………………… 81
8　SiC 接合型／静電誘導型（SiC-JFET/
 SIT）トランジスタ ……… 田中保宣 … 83
 8.1　SiC-JFET/SIT の開発経緯 ……… 83
 8.2　SiC-JFET/SIT の各種構造 ……… 84
 8.3　SiC-JFET/SIT の開発状況 ……… 85
  8.3.1　表面ゲート型 ………………… 85
  8.3.2　リセスゲート型 ……………… 86
  8.3.3　埋込ゲート型 ………………… 88
 8.4　SiC-JFET/SIT の負荷短絡耐量 … 93
 8.5　SiC-JFET/SIT のノーマリオフ化
   ……………………………………… 94
 8.6　今後の課題 ……………………… 95

第2章　GaN

1　GaN－可能性とその特徴－
   ……………………… 江川孝志 … 98
 1.1　はじめに ………………………… 98
 1.2　ワイドバンドギャップ半導体と性
   能指数 …………………………… 98
 1.3　GaN の現状と課題 …………… 101
 1.4　Si 基板上への GaN 層ヘテロエピ
   タキシャル成長 ………………… 103
 1.5　まとめ ………………………… 105
2　窒化物半導体の特性と評価
   ……………………… 井手利英 … 107
 2.1　結晶構造 ……………………… 107
 2.2　窒化物半導体の電気的性質 …… 108
 2.3　混晶 …………………………… 112
 2.4　分極 …………………………… 113
 2.5　ヘテロ構造と2次元電子ガス …… 115
 2.6　耐圧 …………………………… 119
3　Si 基板上 AlGaN/GaN パワーデバイス
   ……………………… 田中　毅 … 122
 3.1　はじめに ……………………… 122

3.2 低コストSi基板上AlGaN/GaNパワーデバイス ……………………… 122
3.3 ノーマリオフ動作ホール注入型トランジスタ
  —Gate Injection Transistor— … 127
3.4 まとめ ………………………………… 130
4 超高耐圧AlGaN/GaNパワーデバイス
  ……………………………田中 毅… 132
  4.1 はじめに ……………………………… 132
  4.2 超高耐圧化デバイス技術 …………… 132
  4.3 超高耐圧AlGaN/GaNトランジスタの特性 …………………………………… 133
  4.4 まとめ ………………………………… 137
5 薄層AlGaN構造を用いたGaNパワーデバイス……………………池田成明… 139
  5.1 概要 …………………………………… 139
  5.2 はじめに ……………………………… 139

5.3 ノーマリオフFETの開発 ………… 140
  5.3.1 GaN系ノーマリオフFETのこれまでの報告 ………………… 140
  5.3.2 ノーマリオフの閾値制御 …… 141
  5.3.3 薄層AlGaNを用いたFETの素子作製プロセス ……………… 142
  5.3.4 素子評価結果 ………………… 142
5.4 薄層AlGaN構造のFESBD（Field Effect Schottky Barrier Diode）への展開 ……………………………… 145
  5.4.1 FESBDの高耐圧低オン電圧化のメカニズム ………………… 145
  5.4.2 素子の作製方法 ……………… 146
  5.4.3 FESBDの素子特性評価結果
    …………………………………… 146
5.5 今後の展望 …………………………… 148
5.6 おわりに ……………………………… 149

第3章 ダイヤモンド半導体

1 材料 …………………………鹿田真一… 151
  1.1 ダイヤモンドの分類 ………………… 152
  1.2 物性 …………………………………… 153
    1.2.1 基礎物性 ……………………… 153
    1.2.2 デバイス関連物性 …………… 155
  1.3 ウェハ ………………………………… 159
    1.3.1 合成方法 ……………………… 159
    1.3.2 ウェハ ………………………… 159
  1.4 コンタクト電極 ……………………… 162
    1.4.1 オーミック電極 ……………… 162
    1.4.2 ショットキー電極 …………… 163
  1.5 プロセス ……………………………… 164

    1.5.1 ウェットプロセス …………… 164
    1.5.2 ドライプロセス ……………… 164
  1.6 材料から見たデバイス指標 ……… 165
2 デバイス ……………………嘉数 誠… 170
  2.1 はじめに—現状と課題— ………… 170
  2.2 ダイヤモンド・パワーダイオード
    …………………………………………… 172
  2.3 ダイヤモンド・ダイオードの高温動作 ……………………………………… 172
  2.4 デルタドープ・ダイヤモンドFET
    …………………………………………… 172
  2.5 水素終端ダイヤモンドFET ……… 173

2.5.1　水素終端ダイヤモンドFETの
　　　　直流特性……………………… 174
　2.5.2　水素終端ダイヤモンドFETの
　　　　高周波小信号特性…………… 174
　2.5.3　水素終端ダイヤモンドFETの
　　　　自然形成ゲート絶縁層……… 174
　2.5.4　水素終端ダイヤモンドFETの
　　　　高周波大信号特性…………… 176
2.6　まとめ ……………………………… 177

第4章　応用編

1　次世代モーダルシフト……**内藤治夫**… 179
　1.1　自動車（HEV, EV）………………… 181
　　1.1.1　磁石材料の進歩……………… 181
　　1.1.2　磁石材料の問題点…………… 182
　　1.1.3　ACサーボモータの利点 …… 184
　　1.1.4　磁束弱め制御………………… 184
　　1.1.5　IPM形ACサーボモータ …… 187
　　1.1.6　EV, HEV駆動時の問題点 … 188
　　1.1.7　HEVの駆動源の構成 ……… 189
　1.2　鉄道 ………………………………… 191
　1.3　モーダルシフトの今後 …………… 192
2　情報通信システム用電源……**二宮　保**
　　………………………………………… 193
　2.1　はじめに …………………………… 193
　2.2　情報通信システムにおける分散給
　　　電システム ………………………… 193
　2.3　スイッチング電源の高性能化技術
　　　……………………………………… 195
　2.4　将来動向 …………………………… 196

第1章 SiC

1 SiC―可能性とその特徴―

木本恒暢*

1.1 はじめに

　SiC（シリコンカーバイド，炭化珪素）は，Si：50％，C：50％の化学量論的組成を有するIV-IV族化合物半導体であり，約12％のイオン性を有する共有結合結晶である。SiC結晶ではSi-C原子間距離が0.189nmと短く，結合エネルギーが高い（約4.5eV）。このため，SiCはダイヤモンドに次ぐ高い硬度を有し，工業的には研磨材としての応用が先行した。SiCの強い原子間結合力は高い格子振動エネルギー（フォノンエネルギー）をもたらし，この材料に高い熱伝導度を与えている。この高い熱伝導度と熱的・化学的安定性を活用して，集積回路の放熱板やセラミック材，さらにはヒータ材料としても広く工業化されている。一方，SiCを半導体として見たとき，その強い原子間結合力は広い禁制帯幅と高い絶縁破壊電界をもたらしている。また，高い光学フォノンエネルギーを有するため，キャリアの飽和ドリフト速度が高い。広い禁制帯幅と優れた熱的安定性は，この半導体材料が高温動作デバイスの作製に適することを示している。高い絶縁破壊電界は，後述のように電力用パワーデバイスとしての圧倒的な優位性を保証し，高い飽和ドリフト速度は，高周波パワーデバイスとしての優位性を示唆している。

　このようなSiCの優れた物性と可能性は，1950年代には半導体研究者の間で認識され，1960年にはShockleyがSiCを活用することにより，Siの限界を打破する高性能デバイス実現の可能性があることを予言していた[1]。1960年頃，および1970年代前半に米国を中心に高温エレクトロニクスの研究が組織的に進められ，SiC半導体に期待が集まったが，結晶成長の困難さが災いして，SiC半導体研究は一度暗礁に乗り上げることになった。しかしながら，1980年代以降，バルク結晶成長，およびエピタキシャル成長におけるブレークスルー[2,3]が相次いで発表され，大学や公的研究機関を中心にSiC半導体の基礎研究が復活した。1990年代に入るとSiC単結晶ウェハの市販が開始され，同時に優れた性能を有するSiCデバイスのデモンストレーションが行われ，産業界の注目を集めるようになった。我が国においても1990年代からSiC材料，デバイス，システムに関する様々な国家プロジェクトが推進され，SiCパワーデバイスの本格的な実用化が今，まさに始まろうとしている。本節では，パワーデバイス応用の立場から，SiC半導体の

---

* Tsunenobu Kimoto　京都大学　工学研究科　電子工学専攻　教授

特徴と可能性について概説する。

1.2 SiCのポリタイプ現象と結晶成長技術の概要

　SiC半導体の研究開発の歴史の70％以上は，結晶成長技術の開発であったと言って過言ではない。まず，SiCは常圧では液相が存在せず，約2000～2200℃以上の高温で昇華するという性質を有する。したがって，SiC単結晶インゴットを育成する方法として，融液からの引き上げを単純に用いることができない。SiCインゴット成長については現在でも様々な手法が提案され，その技術開発に力が注がれているが，最も成功しているのは「昇華法」と呼ばれる結晶成長法である。これは黒鉛ルツボ内に配置したSiC多結晶原料を約2400℃の高温で昇華させ，やや低温部（約2200℃）に設置した種結晶上に再結晶化させることでSiCインゴットを得る方法である。結晶成長時の温度分布や成長速度の制御が容易ではなく，様々な課題が指摘されているものの，良質の単結晶ウェハの工業化が進められ，現在では直径100mmの低抵抗ウェハあるいは半絶縁性ウェハが市販されるに至っている[4,5]。SiCインゴット成長の詳細については，1章2節を参照していただきたい。

　SiCの結晶成長や性質を述べる上で，SiC特有の重要な物理現象として，SiCの結晶多形（ポリタイプ）現象が挙げられる[6]。SiCは，結晶学的には同一の組成でc軸方向に対して多様な積層構造をとるポリタイプ現象を示す材料として有名である。このポリタイプ現象は，Si，C原子単位層の最密充填構造を考えたときの原子の積み重なりの違いにより記述できる。SiCでは200種類以上のポリタイプが確認されているが，発生確率が高く応用上重要なのは，3C-，4H-，6H-，15R-SiC（Ramsdellの表記法）である。この表記法で，最初の数字は積層方向（c軸方向）の一周期中に含まれるSi-C単位層の数を意味し，後のC，H，Rは結晶系の頭文字（C：立方晶，H：六方晶，R：菱面体）を表している。図1に3C-，4H-，6H-SiCの積層構造の模式図を示す。同図における"A, B, C"の表記は，六方最密充填構造における3種類の原子の占有位置（Si-C対に相当）を意味している。なお，他の半導体でよく現れる閃亜鉛鉱（zincblende）構造は3C，ウルツ鉱（wurtzite）構造は2Hと表記できる。

　SiCはポリタイプによって熱的安定性や発生確率が異なり，高温（約2000℃以上）では6H-，15R-，4H-SiCの発生確率が高く，低温（約1800℃以下）では3C-SiCが発生しやすい。このため，高温で結晶成長を行う昇華法では4H-SiCあるいは6H-SiCが得られ，3C-SiCのインゴット成長は困難である。SiCは，各ポリタイプで禁制帯幅だけでなく移動度や不純物準位などの物性が異なるので，基礎物性の分野でも興味深い材料として注目されている。表1に代表的なSiCポリタイプの主な物理的性質を示す[7,8]。なお，全てのSiCポリタイプは，Siと同様に間接遷移型のバンド構造を有する。

第1章 SiC

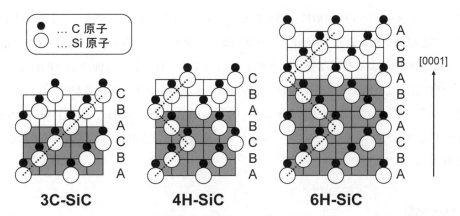

図1　3C-，4H-，6H-SiCの積層構造の模式図（同図における"A，B，C"の表記は，六方最密充填構造における3種類の原子の占有位置（Si-C対に相当）を意味している）

表1　代表的なSiCポリタイプの主な物理的性質

	3C-SiC	4H-SiC	6H-SiC
積層構造	ABC	ABCB	ABCACB
格子定数(Å)	4.36	a＝3.09 c＝10.08	a＝3.09 c＝15.12
禁制帯幅（eV）	2.23	3.26	3.02
電子移動度（cm^2/Vs）	1000	1000（⊥c） 1200（//c）	450（⊥c） 100（//c）
正孔移動度（cm^2/Vs）	50	120	100
絶縁破壊電界（MV/cm）	1.5	2.8	3.0
飽和ドリフト速度（cm/s）	2.7×10^7	2.2×10^7	1.9×10^7
熱伝導率（W/cmK）	4.9	4.9	4.9
比誘電率	9.72	9.7（⊥c） 10.2（//c）	9.7（⊥c） 10.2（//c）

　SiCのエレクトロニクス応用を進める上で大きなブレークスルーとなったのが，「ステップ制御エピタキシー」[3,9]の提示である。昇華法により作製されたSiCウェハは，無添加（アンドープ）結晶でも不純物や点欠陥密度が比較的高く（～10^{15}cm^{-3}），デバイス作製に適しない。通常は，精密なドーピング密度と膜厚制御が容易な化学気相堆積（CVD）法により，SiCウェハ上にデバイスを作製する活性層となるSiC薄膜のエピタキシャル成長が行われる。このエピタキシャル成長において，基底面であるSiC｛0001｝面ジャスト基板を用いると，低温安定な3C-SiCの双晶が成長するが，基板に数度のオフ角を設けることによって，4H-SiC，6H-SiCの高品質ホモエピタキシャル成長が可能となった。オフ角の導入によってSiC基板表面に原子レベルのステップが形成され，いわゆるステップフロー成長（ステップからの一次元的横方向成長）が誘起される。この結果，吸着原子の占有位置がステップ端で一意に決定されるために，基板と同一のポ

リタイプがエピタキシャル成長層に複製される。つまり，基板表面のステップにより，成長層のポリタイプを制御できることから，「ステップ制御エピタキシー」の名称が付けられた。最近報告された，昇華法による超高品質バルク成長においても，繰り返しa面成長（RAF法）後の{0001}面成長において，ポリタイプ安定化のためにオフ角を有する種結晶が用いられているのは興味深い[10]。現在，主にデバイス作製に用いられる結晶面は，(0001)（Si面）を〈11$\bar{2}$0〉方向に4～8°オフした面である。SiCエピタキシャル成長における最近の進展については，1章3節を参照していただきたい。

1.3 SiCの物性

　数多くのSiCポリタイプの中で，現在最もデバイス応用に適していると考えられているのは4H-SiCである。この理由として，電子移動度，禁制帯幅や絶縁破壊電界が大きいこと，電気伝導の異方性が小さいこと，ドナーやアクセプタ準位が比較的浅いこと，良質の単結晶ウェハが入手でき，その上に高品質エピタキシャル成長層を形成できることなどが挙げられる。表2に4H-SiC，Si，GaAs，GaN，ダイヤモンドの主な物性値とそれを基に計算したJohnsonの性能指標（高周波デバイス応用）およびBaligaの性能指標（パワーデバイス応用）を示す（それぞれSiの値で規格化している）。同表には，デバイスを作製するときに重要となる技術的側面の比較も示している。4H-SiCで特筆すべき物性は，絶縁破壊電界がSiやGaAsの約10倍，電子の飽和ドリフト速度が約2倍，熱伝導率がSiの約3倍と高いことである。GaNは4H-SiCと同様の優れた物性値を示し，AlGaNやInGaNなどの混晶を作製することによってヘテロ接合構造を活用できること，および直接遷移型半導体であるので発光デバイスに適していることが特長である[11]。一方，SiCは，広禁制帯幅半導体の中では例外的にp，n両伝導型の広範囲価電子制御が容易であること，Siと同様に熱酸化により良質の絶縁膜（SiO_2）が形成できること，および導電性あるいは絶縁性ウェハが市販されていることが特長である。SiCパワーデバイスとGaNパワーデバイスは同等のポテンシャルを有しており，その比較については様々な議論がなされながら，明確な結論が出されていない状況にある。結晶のサイズ，欠陥密度などの技術的側面やコストについては時代と共に変化する。各々の材料固有の違いをあえて述べるならば，SiCは間接遷移型半導体であるため本質的にキャリア寿命が長く，伝導度変調の効果がデバイス性能を決める超高耐圧バイポーラデバイスの分野では絶対的な優位性を持つと考えられる。

　上述のように，SiCは広い禁制帯幅を有し，熱的に安定な材料であることから，当初は高温動作デバイス用材料として研究開発が進められた。通常，Siを用いたデバイスでは，最高動作温度（接合温度）が150～200℃に制限されるが，SiCでは500℃の高温においても真性キャリア密度は約$10^{10}cm^{-3}$と低く（室温における真性キャリア密度は約$10^{-8}cm^{-3}$），理論的には800℃以上

第1章　SiC

表2　SiC(4H-SiC), Si, GaAs, GaN, ダイヤモンドの主な物性値, 性能指標, および技術の現状

	4H-SiC	Si	GaAs	GaN	ダイヤモンド
禁制帯幅 (eV)	3.26	1.12	1.42	3.42	5.47
電子移動度 (cm^2/Vs)	1000	1350	8500	1500	2000
絶縁破壊電界 (MV/cm)	2.8	0.3	0.4	3	8
飽和ドリフト速度 (cm/s)	2.2×10^7	1.0×10^7	1.0×10^7	2.4×10^7	2.5×10^7
熱伝導率 (W/cmK)	4.9	1.5	0.46	1.3	20
Johnsonの性能指標	420	1	1.8	580	4400
Baligaの性能指標	470	1	15	850	13000
p型価電子制御	○	○	○	△	○
n型価電子制御	○	○	○	○	×
熱酸化	○	○	×	×	×
低抵抗ウェーハ	○	○	○	△ (SiC, GaN)	×
絶縁性ウェーハ	○	△ (SOI)	○	△ (サファイヤ)	×
ヘテロ接合	×	×	○	○	×

の温度でもデバイス動作は可能である。実際，650℃でSiC MOSFETの動作を確認した報告や，300～350℃動作のSiC MOS集積回路実現の報告がある。発熱との戦いとなる電力用パワーデバイスにおいても，SiCの高温動作性能は大きな魅力となる。特に容量の大きな電力変換器（Siパワーデバイス）では，インバータユニットと同様の体積を有する水冷ユニットを併設することが多い。SiCを用いることにより，この水冷システムを省き，空冷で対応できれば，変換器全体として大幅な小型化，高効率化と信頼性向上に繋がる。ただ，酸化膜やパッケージ，周辺の受動素子の制約があり，500℃動作を保証するのは容易ではない。当面は，SiCパワーデバイスの200～250℃動作を確保しながら，周辺技術の開発を進めることが重要と思われる。

　SiCはSiの約10倍の絶縁破壊電界を有するので，Siの理論限界を大幅に凌駕する高性能パワーデバイスを実現することが可能である。Baligaらは，SiCの高耐圧ショットキーダイオードと

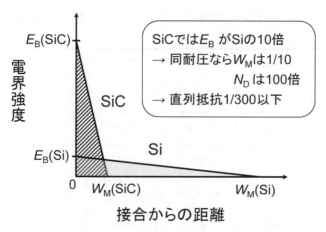

図2 Si, SiC片側階段接合の絶縁破壊時における空乏層内の電界分布

パワーMOSFETは極めて優れたオン抵抗を示し，パワー損失を大幅に低減できるので，高耐圧Siパワーデバイスを完全に置き換えられるというシミュレーション結果を報告している[12]。SiCパワーデバイスがSiより著しく小さいオン抵抗を示す理由を，図2を用いて簡単に説明する。片側階段接合に逆方向耐圧（V_B）を印加したときの空乏層内の電界分布は図のようになり，接合界面の最大電界がいわゆる絶縁破壊電界（E_B）であり，このとき，空乏層幅（W_M）も最大となる（均一ドーピング，ノンパンチスルー構造を仮定）。このときの耐圧は，電界分布を示す直線を辺に持つ直角三角形の面積で表される（$V_B = E_B W_M / 2$）。SiC（4H-SiC）では絶縁破壊電界がSiの10倍であるので，同耐圧のデバイスを作製する場合に，同図に示すように「縦長」の三角形で耐圧V_Bを維持することができる。したがって，SiCではSiの場合より空乏層幅（パワーデバイスの耐圧維持層（ドリフト領域）に対応）が1/10ですみ，しかもこの領域のドーピング密度（電界分布の傾きに対応）を100倍にできる。この結果，同耐圧のデバイスで比較するとSiCではドリフト領域の抵抗を2桁から3桁程度小さくできる。高耐圧デバイスでは，ドリフト領域の抵抗がオン抵抗を支配するので，SiCを用いることによって，オン抵抗の小さい，すなわちパワー損失の小さいデバイスを実現することが可能である。ここで，空乏層の伸びを決めるのはドーピング（n型ではドナー）密度であり，デバイスのオン抵抗を決めるのはキャリア（n型では自由電子）密度である（ドーピング密度ではない）ことに注意すべきである。絶縁破壊電界が高い材料であっても，ドーパントの活性化エネルギーが大きいためにキャリア密度がドーピング密度より小さい場合には，オン抵抗の大幅な低減は実現できない。

4H-, 6H-SiCのn型成長層の室温における電子移動度のキャリア密度依存性を図3に示す[9,13]。低濃度ドープ層では，4H-SiCで約1000cm^2/Vs，6H-SiCで450cm^2/Vs程度の値が得られる。図には示していないが，3C-SiCヘテロエピタキシャル成長層の電子移動度は700〜800cm^2/Vs

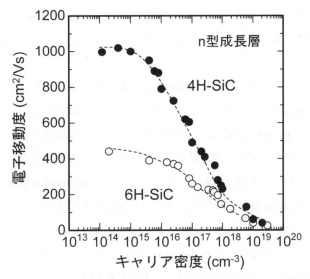

図3　4H-,6H-SiCの n 型成長層の室温における電子移動度のキャリア密度依存性

程度（実測）である。3C-SiC以外のSiCポリタイプでは，電子移動度に異方性（結晶方位に依存）が存在することが知られている。図3に示した移動度は {0001} 面内の平均移動度（$\mu_\perp$）である。6H-SiCでは c 軸（〈0001〉）方向の移動度（$\mu_{//}$）が $\mu_\perp$ の約20〜30％という小さい値に留まる（低濃度成長層で80〜100cm^2/Vs）のに対して，4H-SiCでは逆に $\mu_{//}$ が $\mu_\perp$ より20％程度大きい（低濃度成長層で1100〜1200cm^2/Vs）[13]。これは主に有効質量の異方性に起因している。したがって，大容量の縦型SiCパワーデバイスを {0001} ウェハ上に作製する場合，流れる電流は $\mu_{//}$ に比例するので，$\mu_{//}$ の大きい4H-SiCが最も有望である。Nドナーのイオン化エネルギーは，4H-SiCで40〜110meV，6H-SiCで70〜140meVである（Nドナーの置換サイトやNドナー密度に依存）。また，高濃度ドープ層では，10^{19}cm^{-3}のドーピング密度で0.005Ωcm以下の低抵抗n型結晶を得ることができる。なお，P（燐）ドナーも小さいイオン化エネルギーを有し，固溶限界が高いので，イオン注入による高濃度n型領域形成時にPが用いられることも多い。

4H-,6H-SiCのp型成長層の室温における正孔移動度のキャリア密度依存性を図4に示す[9,13]。低濃度ドープ結晶における正孔の移動度は，4H-SiCで約120cm^2/Vs，6H-SiCで約100cm^2/Vsである。正孔の移動度の異方性は小さい。SiC中のAlアクセプタのイオン化エネルギーは，4H-SiCで約150〜190meV，6H-SiCで約180〜240meVと比較的大きいので，室温における正孔密度はアクセプタ密度より一桁程度低い。しかしながら，10^{20}〜10^{21}cm^{-3}という高濃度ドーピングにより，抵抗率0.02Ωcmのp型（4H-SiC）が得られる。一時期，B（ホウ素）もアクセプタとして用いられたが，イオン化エネルギーが大きく（300〜350meV）低抵抗化が困難である

こと，B原子を含む深い準位が比較的高密度（B原子密度の5〜10％程度）で形成されること，異常な拡散現象を示すこと等が明らかとなり，現在ではドーパントとしてはほとんど用いられていない。

図5に絶縁破壊電界のドーピング密度依存性を示す。図には，4H-SiC〈0001〉，6H-SiC〈0001〉，Si〈001〉方向の値をプロットしている[14,15]。3C-SiC〈001〉についても概略値を示している。4H-SiC，6H-SiCはSiに比べて約一桁高い絶縁破壊電界を有する。禁制帯幅の広い4H-SiCが6H-SiCより少し絶縁破壊電界が低い原因は，上述の移動度の異方性および複雑な伝導帯の構造と関連している。実際，これらのポリタイプでは絶縁破壊電界の異方性が観測されており，c軸と垂直方向の絶縁破壊電界は6H-SiCより4H-SiCの方が高い。3C-SiCは禁制帯幅が約2.2 eVと小さいので，4H-，6H-SiCより絶縁破壊電界は低い。

SiCのキャリア寿命については，まだ基礎研究の段階にあり，完成度の高いモデルは確立されていない。点欠陥に起因する深い準位に加えて，転位や積層欠陥などの拡張欠陥，表面やエピ成長層／基板界面における再結合が複雑に影響することが指摘されている[16]。深い準位に関しては，伝導帯底から約0.6eV下のエネルギー位置に存在するZ_1/Z_2センター[17]が，いわゆるライフタイムキラーとして働き，この密度を電子線照射により変化させることによって，キャリア寿命制御が可能であることが示されている[16]。SiC成長層で測定されるキャリア寿命は1〜3μs程度であり，キャリア寿命の向上が研究課題となっている。

1.4 SiCパワーデバイスの特徴

図6にSiC（4H-SiC）の絶縁破壊電界のドーピング密度依存性を考慮して計算した片側階段接合の耐圧と最大空乏層幅（ノンパンチスルー構造を仮定）のドーピング密度依存性を示す。比較のため，Siに対する特性も併せて示す。例えば，1kVの耐圧を得るために必要なドーピング密度はSiCで約2×10^{16}cm^{-3}，Siで2×10^{14}cm^{-3}，必要な厚さはSiCで8μm，Siで80μmであり，SiCの優位性が明らかである。図6およびドーピング密度依存性を考慮した電子移動度を用いて計算した単位面積当たりの耐圧維持層の抵抗（特性ドリフト抵抗）の耐圧依存性を図7に示す。同耐圧で比較すると，SiCを用いることによって，特性ドリフト抵抗を300〜500分の一に低減することが可能である。同図はSiCパワーデバイスの優位性を示しているが，注意すべき点もある。例えば，図に示したドリフト抵抗は，多数キャリアのみで動作するユニポーラデバイス（ショットキーダイオード，電界効果トランジスタ（FET））の限界特性であるが，少数キャリア注入による伝導度変調効果を利用するバイポーラデバイス（PiNダイオード，バイポーラトランジスタ，IGBT，サイリスタ）には適用できないことである。図から分かるように，特性ドリフト抵抗は耐圧と共に急激に増大（耐圧の2〜2.5乗に比例）するため，後述のように，高耐圧Siデ

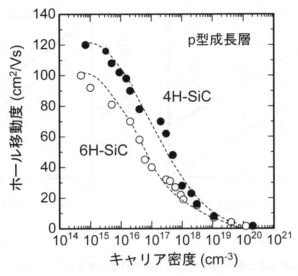

図4　4H-、6H-SiCのp型成長層の室温における正孔移動度のキャリア密度依存性

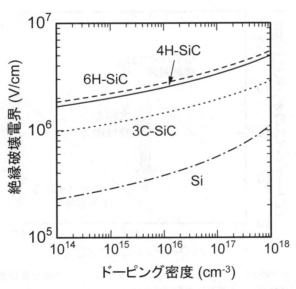

図5　4H-SiC〈0001〉、6H-SiC〈0001〉、3C-SiC〈001〉、Si〈001〉の絶縁破壊電界のドーピング密度依存性

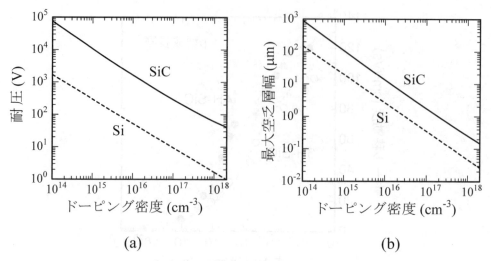

図6 4H-SiCの絶縁破壊電界のドーピング密度依存性を考慮して計算した片側階段接合の(a)耐圧と(b)最大空乏層幅（ノンパンチスルー構造を仮定）のドーピング密度依存性

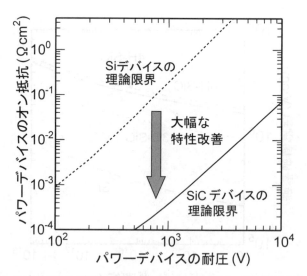

図7 4H-SiCおよびSiパワーデバイス（ユニポーラデバイス）の単位面積当たりの耐圧維持層の抵抗（特性ドリフト抵抗）の耐圧依存性

第1章 SiC

バイスはバイポーラデバイスで作製される。したがって，SiCユニポーラデバイスが競合するのは，Siユニポーラデバイスではなく Siバイポーラデバイスとなることが多い。Siバイポーラデバイスでは，図7に示した特性抵抗より低いオン抵抗が得られる一方で，少数キャリア蓄積現象によりターンオフ時に大きな逆回復電流が流れ，スイッチング特性（速度と損失）が低下する。ユニポーラ型SiCパワーデバイスは，同耐圧のSiバイポーラデバイスよりオン抵抗が低く（1/300ではないが，1/10程度），スイッチングが速い（少数キャリア蓄積がないので高速）という特徴を有する。また，上述のように，SiCは高温動作が可能であり，破壊しにくい（材料が熱的に強く堅牢であるため）ことが有利な点となる。

最後に，電力用パワーデバイスの種類と棲み分けについて，図8を用いて簡単に説明する。Siダイオードでは，耐圧100～200V以下はショットキー障壁ダイオード，これ以上ではPiNダイオードが用いられる。Siスイッチングデバイスでは耐圧300～600Vが多数キャリアデバイス／少数キャリアデバイスの境界になる。一方，SiCでは多数キャリアデバイスでも耐圧3kV程度までは十分に低いオン抵抗を達成できる。少なくとも耐圧3～5kV以下の応用では，主にショットキー障壁ダイオードやFET（JFETやMOSFET）が使われ，SiC PiNダイオードやサイリスタが適用されるのは5～10kV以上の超高耐圧応用であると予測されている。

いずれにせよ，現在，Siパワーデバイスの性能は，その材料物性で決まる理論限界に近づいており，ブレークスルーが強く求められている。特に，各種の汎用モータやインバータ家電，HEV/EV，高速鉄道やスイッチング電源などの分野で高性能パワーデバイスのニーズが大きい。

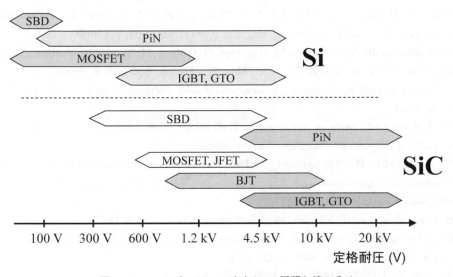

図8 SiCおよびSiパワーデバイスの種類と棲み分け

SiCをパワーデバイスに用いると，200℃以上の高温動作が可能であるので，冷却装置の大幅な小型化（水冷→空冷など）も期待でき，システムレベルで見てもSiCパワーデバイスのインパクトは大きい。SiCパワーデバイスのインパクトについては，様々な機関がその省エネルギー効果を試算している。菅原は，10～300MW級の大容量電力変換器にSiCパワーデバイスを適用することによって，現在の電力損失を1/3以下に低減でき，バルブ体積も1/5以下に小型化できると概算している[18]。また，SiCパワーデバイスの開発が順調に進展すれば，2020年の時点で，EV/FCEV分野で約6.3×10^9kWh/年，CPU電源分野で約2.7×10^9kWh/年，汎用インバータ分野で約1.0×10^{10}kWh/年，合計約1.9×10^{10}kWh/年（原油換算削減量440万kL/年）という莫大な省エネ効果が期待できると報告されている[19]。なお，興味のある方は，SiCの性質，結晶成長，評価方法，デバイス技術，応用分野に関する平易な技術書[20, 21]を参照されたい。

文　　献

1) W. Schockley, *Silicon Carbide - A High Temperature Semiconductor* (Pergamon Press, 1960), p.xviii
2) Yu. M. Tairov and V. F. Tsvetkov, *J. Crystal Growth*, **52**, 146 (1981)
3) N. Kuroda, K. Shibahara, W.S. Yoo, S. Nishino, and H. Matsunami, *Ext. Abstr. 19th Solid State Devices and Materials*, p.227 (1987)
4) R. T. Leonard, Y. Khlebnikov, A. R. Powell, C. Basceri, M. F. Brady, I. Khlebnikov, J. R. Jenny, D. P. Malta, M. J. Paisley, V. F. Tsvetkov, R. Zilli, E. Deyneka, H. M. Hobgood, V. Balakrishna, and C.H. Carter, *Mat. Sci. Forum*, **600-603**, 7 (2009)
5) M. Nakabayashi, T. Fujimoto, M. Katsuno, N. Ohtani, H. Tsuge, H. Yashiro, T. Aigo, T. Hoshino, H. Hirano, and K. Tatsumi, *Mat. Sci. Forum*, **600-603**, 3 (2009)
6) A. R. Verma and K. Krishna, *Polymorphism and Polytypism in Crystals* (Wiley, New York, 1966)
7) O. Madelung ed., *Data in Science and Technology, Semiconductors, Group IV Elements and III-V Compounds* (Springer-Verlag, Berlin, 1991)
8) W. J. Choyke, H. Matsunami, and G. Pensl, eds., *Silicon Carbide, A Review of Fundamental Questions and Applications to Current Device Technology*, Vol. I & II (Akademie Verlag, Berlin, 1997)
9) H. Matsunami and T. Kimoto, *Mat. Sci. Eng.*, **R20**, 125 (1997)
10) D. Nakamura, I. Gunjishima, S. Yamaguchi, T. Ito, A. Okamoto, H. Kondo, S. Onda, and K. Takatori, *Nature*, **430**, 1009 (2004)
11) 赤崎勇編著，III族窒化物半導体，培風館（1999）
12) M. Bhatnagar and B. J. Baliga, *IEEE Trans. Electron Devices*, **ED-40**, 545 (1993)

13) W. J. Schaffer, G. H. Negley, K. G. Irvine, and J. W. Palmour, *Mat. Res. Soc. Symp. Proc.*, **339**, 595 (1994)
14) A. O. Konstantinov, Q. Wahab, N. Nordell, and U. Lindefelt, *Appl. Phys. Lett.*, **71**, 90 (1997)
15) S. M. Sze, *Physics of Semiconductor Devices*, 2nd Ed. (Willey-Interscience, New York, 1985)
16) T. Kimoto, K. Danno, and J. Suda, *Phys. Stat. Sol.*, (b) **245**, 1327 (2008)
17) T. Dalibor, G. Pensl, H. Matsunami, T. Kimoto, W.J. Choyke, A. Schoner, and N. Nordell, *Phys. Stat. Sol.* (a), **162**, 199 (1997)
18) 菅原良孝, 電子情報通信学会論文誌 C-II, **J81-C-II**, 8 (1998)
19) ㈶エンジニアリング振興協会, 超低損失電力素子技術開発次世代パワー半導体デバイス実用化調査 (2003)
20) 松波弘之編著, 半導体SiC技術と応用, 日刊工業 (2003)
21) 荒井和雄, 吉田貞史編著, SiC素子の基礎と応用, オーム社 (2003)

2　SiC単結晶基板の高品質化技術

大谷　昇*

2.1　はじめに

　近年，地球温暖化やエネルギー資源の高騰が大きな問題となっており，エネルギーの高効率利用が強く求められている。その一方で，家庭や工場でのエネルギー消費の電力化率は年々高まっており，今後もこの傾向は続くものと予測される。電気エネルギーの高効率利用には，使用されるパワーエレクトロニクス素子の高効率化が必要であるが，現状のSiパワーエレクトロニクス素子では特性の向上に材料的な限界が見え始めている。このような背景から，Siの材料限界を打破する新たな半導体材料の採用が期待されており，なかでもシリコンカーバイド（SiC）半導体に大きな期待が集まっている。SiC半導体は既に100mm口径の単結晶基板が市場に投入され，リカバリー電流が極めて小さなショットキー障壁ダイオード（SBD）が各種電源やインバータに搭載されるなど，その実用化が加速されている。

　本節では，SiC単結晶基板の製造技術を概観すると共に，高性能のSiCパワーエレクトロニクス素子実現のキーテクノロジーとなる，SiC単結晶基板の高品質化技術について最近の進展を述べる。

2.2　SiC単結晶基板製造技術の概要

　現在，パワーエレクトロニクス素子用途向けに市販されているSiC単結晶基板のほとんどが，4H型と呼ばれる六方晶系のSiC単結晶基板である。4H型のSiC単結晶基板（以下，4H-SiC単結晶基板）は，光学素子向けに従来使用されてきた6H型のSiC単結晶基板に比べて，電子移動度が大きい上にその異方性が小さく，パワーエレクトロニクス素子応用に適している。4H-SiC単結晶基板は，SiやGaAsといった従来の半導体基板と同様に，塊状に育成されたバルク単結晶を板状に切断・研磨して製造される。現状，ほとんどの4H-SiC単結晶が，70年後半から80年代前半にかけて旧ソ連のTairovら[1]により開発された改良レーリー法と呼ばれる種付き昇華再結晶法により製造されている。改良レーリー法によるSiC単結晶の成長原理を図1を用いて説明する[2]。この方法の基本プロセスは，坩堝（通常黒鉛製）空間内で，原料（通常SiC固体粉末）から昇華したSiとCとからなる蒸気が，不活性ガス中を主に拡散で輸送されて，原料より温度が低く設定された種結晶上に過飽和となって再結晶化するというものである。従って，結晶成長速度は，原料の温度と系内の温度勾配，圧力によって決定される。この成長法は，2400℃を超える高温下での気相成長法であり，このことがSiC単結晶成長のプロセス制御，欠陥制御を難し

---

*　Noboru Ohtani　関西学院大学　SiC材料・プロセス研究開発センター　センター長；教授

第1章　SiC

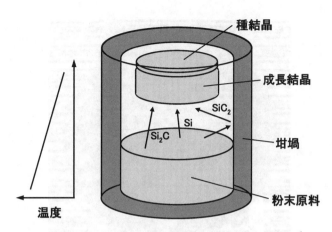

図1　改良レーリー法（種付き昇華再結晶法）の模式図[2]

くしていたが，ここ数年，計算機シミュレーションを始めとするプロセス最適化技術がSiC単結晶成長にも導入され，開発が加速している。その結果，長年の開発課題であった大型単結晶の開発に目処が立ち，高品質な100mm口径基板の販売が開始された[3, 4]。図2に，100mm口径4H-SiC単結晶基板の一例（概観写真）を示す[3]。

先にも述べたように，SiC単結晶基板は，Si基板などと同様に，塊状の単結晶を切断・研磨して製造される。超硬質材料であるSiC単結晶においては，その硬さ故に，一般的にダイヤモンドが加工用砥粒として用いられる。現在，SiC単結晶の切断に用いられている主流の方法はマルチ（多重）ワイヤーソー切断である。溝を切ったガイドローラー間に一定張力で張った多重の細線ワイヤーを高速で往復走行させながら，ワークを切断する。多重ワイヤー間の間隔を調整することにより，所望の厚さの基板を多数枚同時に単結晶インゴットから切り出すことができる。通常，加工砥粒であるダイヤモンド砥粒は遊離砥粒の形で供給されるため，ワークに与えるダメージを最小限にすることができる。また，切り代が0.2mm以下と極めて小さいため材料歩留まりが高く，SiC単結晶のような素材単価の高い材料の切断に適している。

引き続いて行われる基板の研磨工程においては，まずダイヤモンド砥粒を用いた多段のラッピング工程による基板の整形が行われる。研磨の最終工程においては，基板表面の品質を確保するためにダイヤモンド砥粒は用いずに，エッチング作用のある研磨液を用いて，メカノケミカル研磨（mechano-chemical polishing：MCP）等の化学的な研磨が行われる。この最終研磨工程の品質が，次段のエピタキシャル成長工程の品質を大きく左右するため，ダメージレスで高平坦な表面仕上りが要求される。研磨工程の最近の進展については，次項で述べる。

最終のエピタキシャル薄膜堆積工程においては，高品質・高純度のSiCホモエピタキシャル膜が基板上に堆積される。縦型のパワーエレクトロニクス素子では，通常n^-/n^+積層構造が基本構

図2　高品質100mm口径4H-SiC単結晶基板[3]

造となるが，SiC単結晶基板ではドーピング手法として不純物拡散が適用できないため（極めて小さな不純物拡散係数による），基板と不純物濃度の異なるエピタキシャル薄膜の堆積が必須技術となる。SiC単結晶薄膜のホモエピタキシャル成長技術は，80年代後半に京都大学の松波弘之教授らが考案した，ステップ制御エピタキシーをその礎として発展してきた[5]。ステップ制御エピタキシーでは，オフ角度を付与したSiC {0001} 面基板上において，ステップフロー成長様式でエピタキシャル成長を行うことによって，表面のステップが基板ポリタイプのテンプレートとして働き，高品質なSiCホモエピタキシーが実現される。

高歩留りなデバイス製造を実現するためには，エピタキシャル薄膜が高品質であることは勿論のこと，1枚の基板から多くのデバイスを得るために，膜厚やドーピング密度の基板面内均一性が要求される。また，デバイスの高性能化に対応して，エピタキシャル膜表面の平坦性・完全性も要求される。現在，日欧の数社から，SiC薄膜のエピタキシャル成長装置が市販されており，その大型化が進められている。現在最大のもので，プラネタリータイプのSiC CVD装置で，100mm口径基板が10枚まで一括処理できる装置が開発され，市販されている[6]。これらの装置では，SiCエピタキシャル薄膜の純度，均一性として，残留不純物濃度が$1\times10^{15}\mathrm{cm}^{-3}$以下，膜厚バラツキが2％以下，ドーピング密度が5％以下程度のものが得られている。

2.3　SiC単結晶基板研磨技術の高品質化

パワーエレクトロニクス素子のオン抵抗を決定する重要な因子として，セルと呼ばれる基本構造素子の大きさがある。Siデバイスに比べて，材料物性的にオン抵抗の低減が可能なSiCパワー

第1章　SiC

エレクトロニクス素子ではあるが，極限までの性能向上を考えた場合，このセルの微細化が重要な技術課題となる。セルの微細化を進めていくためには，使用される基板が高い平坦度を有することが必要となる。例えば，i線ステッパー（縮小投影型露光装置）では，一括露光領域（10〜15mm角程度）において，基板の厚さバラツキが1μm以下であることが要求される。基板の平坦度が充分でない場合には，パターン欠陥と呼ばれる露光工程に起因した欠陥が発生し，素子の性能及び歩留りが低下する。先にも述べたように，超硬質材料であるSiC単結晶においては，その硬さ故に，一般的にダイヤモンドが研磨砥粒として用いられており，そのためSiなどで培われた高平坦加工技術の適用が阻まれてきたが，近年，ダイヤモンド砥粒を研磨盤に埋め込んだ固定砥粒の両面研磨技術などがSiC基板にも適用され始め，基板厚さバラツキ（total thickness variation：TTV）が2μm以下（2インチ及び3インチ基板），基板局所厚さバラツキ（local thickness variation：LTV）が1μm以下（2インチ及び3インチ基板の全10mm角領域）と，極めて厚さバラツキの小さなSiC基板が実現されるようになった[7]。一般に，片面研磨法ではトワイマン効果と呼ばれる基板の変形現象（基板の両面にある残留応力に差が生じると，その差を補うように基板が反り返る現象）のため，平行平板な基板を得ることが難しい。Si基板の場合，ラッピング工程毎に薬液による表面エッチング（表面歪層の除去）を行うことで，このトワイマン効果を抑制しているが，化学的に極めて安定なSiC単結晶基板の場合にはそのような手法をとることができない。従って，SiC単結晶基板の場合には，トワイマン効果を避けるために，終始両面の残留応力のバランスを保ったまま加工できる両面研磨技術が必要となる。

　先に述べたように，SiC基板表面の結晶完全性は，基板化加工技術の重要な指標であり，後工程であるエピタキシャル薄膜成長の品質に直結する。SiC単結晶基板においては，以前からコロイダルシリカや酸化クロムでメカノケミカル研磨する試みがなされてきたが，化学的に極めて安定であるSiC基板では，充分な研磨速度を得ることが難しかった。近年，このような状況を打開しようと，幾つかの新しい試みがSiC基板研磨技術の分野でなされている。例えば，通常のコロイダルシリカスラリーに過酸化水素水などの酸化促進剤を加えることで研磨レートを向上させようとする試み[7,8]や，白金，モリブデンといった金属板を触媒としてSiC単結晶基板表面をダメージフリーで平坦化する試み[9]などが報告され，平均表面粗さで0.1nm程度と，極めて平坦な研磨仕上り面が得られている。また，これまでSiC基板の研磨技術は（0001）Si面を中心にその開発が進められてきたが，近年，（000$\bar{1}$）C面においてもダメージフリーで高平坦な基板研磨技術が確立されつつある[10]。

2.4　SiC単結晶基板中の結晶欠陥

　SiC単結晶基板のデバイス応用をこれまで阻害してきた最大の要因はSiC単結晶基板中に存在

するマイクロパイプ欠陥であった。マイクロパイプ欠陥は，非常に大きなバーガースベクトルを有する貫通らせん転位で，転位芯付近に存在する大きな格子ひずみを緩和するために直径1〜3μmの中空芯（hollow core）が形成されている[11]。マイクロパイプはエピタキシャル薄膜成長の際に引き継がれ，この欠陥に大きな電界が印加されると，中空芯内にマイクロプラズマが発生し，素子の耐圧が著しく劣化する[12]。マイクロパイプはより小さなバーガースベクトルを有する転位の集合体で，準安定な結晶欠陥であると考えられている[13]。また，ある条件下で，結晶成長中に中空芯を伴わない複数個の貫通らせん転位に分解することが報告されている[13, 14]。

マイクロパイプと同様にSiCパワーエレクトロニクス素子にとって致命的な欠陥となるのが，キャロット（carrot）欠陥等のエピ欠陥である。エピ欠陥とは，エピタキシャル成長プロセスに起因して発生する結晶欠陥であり，多くの場合，その発生起点がエピ膜／基板界面に存在する。エピ膜／基板界面で発生したエピ欠陥は，ステップフロー成長に伴って基板オフ方向に伸長し，エピ膜表面上において表面形態異常として観測される。エピ欠陥はその形態的な特徴により，キャロット（人参様形状），コメット（彗星様形状），三角欠陥等に分類される。図3に，4H-SiCエピタキシャル薄膜表面に出現したキャロット欠陥の光学顕微鏡写真を示す。

近年，放射光を用いたX線トポグラフィー等によるSiCエピタキシャル薄膜の評価が進み，エピ欠陥の構造や発生原因について多くのことが明らかになってきた[15]。例えば，キャロット欠陥は，基底面及びプリズム面の積層欠陥を内包する転位—積層欠陥の複合欠陥であり，その多くが下地基板中に存在する貫通らせん転位を起点として発生していることが報告されている[15, 16]。

SiC単結晶基板中には，上記のマイクロパイプ，エピ欠陥に加えて，転位欠陥が存在する。表1にSiC単結晶基板で観測される転位欠陥についてまとめた。SiC単結晶中の転位はその伸展方

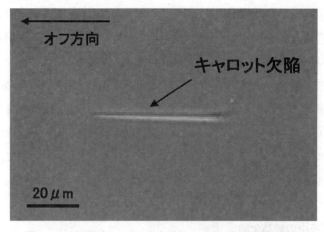

図3　エピ欠陥（キャロット欠陥）の一例（光学顕微鏡像）

第1章 SiC

表1 SiC単結晶基板中の転位欠陥

転位の方向	すべり面	バーガースベクトル	呼称
$\langle 0001 \rangle$	—	$\langle 0001 \rangle$：c軸単位格子ベクトル（6Hの場合） $\langle 0001 \rangle$あるいはその2倍（4Hの場合）	貫通らせん転位
$\langle 0001 \rangle$	—	$\langle 0001 \rangle$のn倍（$n \geq 2$：6Hの場合） $\langle 0001 \rangle$のn倍（$n \geq 3$：4Hの場合）	マイクロパイプ
$\langle 0001 \rangle$	$(1\bar{1}00)$	$\frac{1}{3}\langle 11\bar{2}0 \rangle$	貫通刃状転位 刃状転位壁：小傾角粒界
(0001)面内任意 安定方向：$\langle 11\bar{2}0 \rangle$	(0001)	$\frac{1}{3}\langle 11\bar{2}0 \rangle$	基底面転位

向によって2つに大別される。結晶成長方向であるc軸方向（$\langle 0001 \rangle$方向）に伸びる貫通転位と，成長方向とほぼ垂直な基底面内に存在する基底面転位である。c軸方向に伸びる貫通転位は，さらにらせん転位と刃状転位に分類され，後者はしばしば$\langle 1\bar{1}00 \rangle$方向に整列し小傾角粒界を形成する。これらの転位のほとんどが，結晶成長中に起こる種々の成長異常に起因して発生するgrown-inタイプの結晶欠陥であるとされている。一方，六方晶のSiC単結晶では基底面が容易すべり面であり，結晶成長中並びに冷却過程の熱応力によって基底面転位が導入される。

　転位は，他の半導体材料同様，SiCにおいてもデバイスに何らかのネガティブな影響を与えることが報告されている。例えば，SiC単結晶基板中の貫通らせん転位は，ある密度を超えるとSiC素子の耐圧劣化をもたらすとされている。また基底面転位は，SiCバイポーラデバイスの順方向特性劣化の原因となり[17]，MOSFETにおいてはゲート酸化膜の信頼性を損なうとされている[18]。しかしながら，これらの現象の多くにおいて，その劣化メカニズムは充分に解明されておらず，今後の研究が待たれている。また，SiC単結晶中の各種転位は，単結晶成長中に，伝播，偏向，増殖等のプロセスを繰り返していることが報告されている[19, 20]。加えて，基板中の転位欠陥が，エピ成長，デバイスプロセスと，工程を経るに従って，別の形態の結晶欠陥に変換したり，二次的な複合欠陥（先に述べたキャロット欠陥もその一例）を生じさせたりしていることが明らかにされている。例えば，基板結晶中に存在する基底面転位の大部分は，エピタキシャル成長に際して，貫通刃状転位に変換する[21]。また，貫通らせん転位が，エピタキシャル成長に際して，Frank型の積層欠陥に変換することも報告されている[22]。これらの現象を図4に模式的に示す。アニール等のデバイス工程においては，基板結晶中の基底面転位が，ある条件下で，基底面積層欠陥に拡張し，素子の電気特性に影響を及ぼすことが報告されている[23]。これらの現象を体系的に理解し，素子特性との関連を調査していくことが，素子の信頼性向上に向けて，極めて重

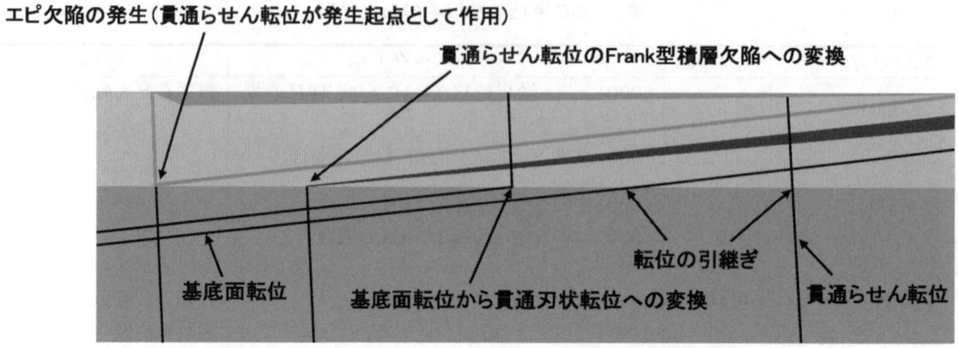

図4 SiCホモエピタキシャル成長における転位の素過程（模式図）

要な研究課題となる。

2.5 SiC単結晶基板の高品質化技術

マイクロパイプ欠陥の問題は，ここ数年，解決の方向性が示され，極めてマイクロパイプ欠陥の少ないSiC単結晶基板（マイクロパイプ平均密度：1個／cm^2以下）が販売されるようになった。図5に，極低マイクロパイプ密度100mm口径4H-SiC基板の一例を示す[3]。黒いドット位置にマイクロパイプ欠陥が存在する（合計2個：換算数密度0.03個／cm^2）。図に示されているように，僅かに残留しているマイクロパイプ欠陥も基板周辺部に存在する，あるいはクラスター状に固まって分布しており，ほぼ基板全面でマイクロパイプフリー領域が実現されている。

このようにマイクロパイプ欠陥の低減が進み，チップサイズの大きなパワーエレクトロニクス素子が製造されるようになってきた。しかしながら，素子歩留りを考えると，依然としてチップサイズには上限が存在し，4～5mm角程度以上のチップを製造すると，その歩留りは著しく低下する。この上限チップサイズから歩留りを決定しているキラー欠陥の密度は数個／cm^2程度と推定されるが，その密度に対応する欠陥としてキャロット等のエピ欠陥が挙げられる。先に述べたように，エピ欠陥は下地結晶となるSiC単結晶基板中の貫通らせん転位をその起点として発生する場合が多い。従って，エピ欠陥の低減には，貫通らせん転位の低減が必要となるが，ここで重要な点は，基板中の貫通らせん転位密度が，数百から数千個／cm^2と，通常観測されるエピ欠陥の密度とは大きく異なっている点である。このことは，基板転位のエピ欠陥発生への寄与が直接的なものではなく，他の因子がエピ欠陥発生に関与していることを示唆している。なぜ特定の貫通らせん転位だけがエピ欠陥の生成に寄与するのかについては，未だ十分な理解がなされていないが，最近，貫通らせん転位の近傍に基底面転位が存在する場合に，キャロット欠陥が発生し易いことが報告された[15, 24]。

第1章　SiC

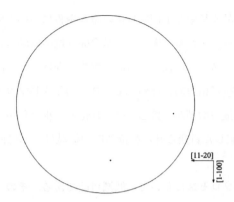

図5　極低マイクロパイプ密度100mm口径4H-SiC単結晶基板[3]

　また，前項で述べたように，SiC MOSFETのゲート酸化膜の信頼性にはエピ膜中の転位が深く関わっているとされてきたが，最近，複数サプライヤーからの基板を系統的に調査することにより，エピ膜中の基底面転位並びに貫通らせん転位がゲート酸化膜の信頼性を劣化させていることが明らかになった[25]。

　なぜ，比較的バーガースベクトルの小さな基底面転位がデバイス特性に大きく影響するのかについては，未だ不明な点が多いが，一つの可能性として，基底面転位が拡張していることが，その理由として挙げられる。基底面転位は，SiC単結晶中で，通常2つの部分転位に分解し，その間に積層欠陥を伴っている（転位の拡張）[26]。この積層欠陥がSiC単結晶中の電気伝導に対して大きな影響を及ぼすことが報告されている[27]。基底面積層欠陥は，積層欠陥を横切る方向の電気抵抗を増大させる一方で，平行方向の抵抗を大幅に減少させる。このことは，積層欠陥が伝導帯側に大きなバンドオフセットを有する量子井戸構造として働き[28]，その結果，二次元電子ガスをSiC単結晶中に誘起しているとすることで理解できる。

　上記してきたように，SiCパワーエレクトロニクス素子の大面積化，高信頼性化には，SiC単結晶基板中（正確に言えば，デバイスの活性層が作り付けられるエピタキシャル薄膜中）の転位欠陥の低減が不可欠である。なかでも，基底面転位と貫通らせん転位の低減が，SiCパワーエレクトロニクス素子の大容量化（大面積化），高信頼性化にとって重要である。

　先に述べたように貫通らせん転位は，エピタキシャル薄膜成長に際して，そのままエピ膜中に引き継がれるが，基底面転位は，その約90％がエピ膜中で貫通刃状転位に変換し，残りの約10％が基底面転位として引き継がれる。貫通らせん転位は，結晶成長中の成長異常に伴って導入されるgrown-in欠陥であり，その密度は，これまで数千／cm^2程度であったが，近年，結晶成長プロセスの安定化，最適化が進み，200/cm^2を下回るような基板結晶も報告されるようになった[4]。

一方，基底面転位は，結晶成長中および成長後の冷却過程において成長結晶が熱応力を受けることによって基板結晶中に導入される。従って，基底面転位の低減には，結晶成長プロセスにおける熱応力の低減が不可欠である。現在，この問題解決に向けては，計算機シミュレーションを用いた成長結晶の熱応力解析が精力的に行われており，結晶成長プロセスの低熱応力化が推進されている。また，基底面転位の増殖が，貫通らせん転位との相互作用によって誘起されることも報告されており[29,30]，上記した貫通らせん転位密度の低減は，基底面転位低減の観点からも極めて重要である。

基底面転位は，エピ成長プロセスにおいても低減可能である。その一つの手法として，低オフ角基板上へのエピタキシャル成長がある。4H-SiC基板を用いたエピタキシャル成長では，これまで{0001} Si面を成長面として，[11$\bar{2}$0]方向に8°オフしたものが広く使用されてきた。オフ角度を8°とすることは，厚い層を成長させても異種ポリタイプ（3C-SiC）が混入しないための条件となっていた。しかしながら，基底面転位の低密度化を考えた場合，基板のオフ角度としては，可能な限り低角であることが望ましい。従来，1°を下回るような低オフ角度基板上への良質なエピタキシャル成長は困難とされてきたが，ここ数年，エピタキシャル成長技術の進歩に加え，基板結晶の高品質化，研磨品質の向上がなされ，幾つかの研究機関において1°以下（0.3°～0.8°程度）の低オフ角基板上への良質なエピタキシャル成長が実現された[31,32]。さらに，近年，ほぼon-axisとも言えるような基板上（オフ角度：0.1°以下）においても，ポリタイプ制御された4H-SiCエピ膜が成長可能であることが示され[33]，今後，この分野でのエピ技術開発が進むものと予想される。

エピ成長プロセスにおいて，基底面転位を低減するもう一つの方法は，先に述べた基底面転位の貫通刃状転位への変換プロセスを利用する方法である。この転位変換はエピタキシャル成長の極めて初期に起こる。この成長初期の転位変換をより確実に誘起する方法としてエッチピットを利用する方法が提案されている[34]。この方法では，エピタキシャル成長前に，基板表面を400～500℃程度の溶融KOHで欠陥選択エッチングし，基底面転位位置にピットを形成する。このピットが形成された基板上にエピタキシャル成長を行うと，かなり高い確率で（ほぼ100％の確率で），基底面転位から貫通刃状転位への変換が誘起される。メカニズムについては不明な点も多いが，転位の鏡像効果によるものと説明されている。ただし，この方法では，エピタキシャル膜表面にピットに対応した窪みが残ってしまい，デバイス応用にはあまり適さない。そこで近年，この原理を応用しつつ，より実効的な方法が提案された[35]。提案された方法では，エピタキシャル薄膜成長中に，原料ガス全て，あるいはその一部の供給を停止し，水素ガスあるいは水素ガス＋炭化水素ガスのみが流れている時間帯を挿入する。結果として，エピ成長が一旦中断され，その後再開されることになるが，この成長再開のタイミングに基底面転位が貫通刃状転位に変換

第1章 SiC

される。基底面転位変換のメカニズムとしては，水素ガスのみが供給されている時間帯に，基底面転位位置に微小なピットが形成され（水素ガスのエッチング効果），このピット上への再成長により，基底面転位が貫通刃状転位に変換されるというものである。ピットが微小なために，基底面転位から貫通刃状転位への変換確率は低下するが（50％程度），最終的なエピ膜表面には，窪みのようなモフォロジカル欠陥は残らない。このプロセスをエピタキシャル成長中に繰り返すことによって，基底面転位を大幅に低減することが可能となるが，成長再開に際して積層欠陥（in-grown stacking fault）が誘発されることも報告されており，今後さらなるプロセスの最適化が必要である。表2に，SiC単結晶基板中の各種転位のデバイスへの影響とその密度についてまとめた。

上記のように転位の変換プロセスを工学的に制御できれば，SiC単結晶中のキラー欠陥を低減することが可能となる。図4に示した種々の転位の変換プロセスは，そのほとんどがエピタキシャル成長において確認されたものであるが，これらの転位変換プロセスはエピタキシャル成長中に限ったものではなく，改良レーリー法等のSiCのバルク単結晶成長中にも起こりうることが報告されている。その一例を図6に示す[36]。図6は，4H-SiCバルク単結晶成長中に起こった転位の変換プロセスを透過電子顕微鏡で観察したものである。図中，結晶成長方向（c軸方向）は紙面上方であり，また電子線の入射方向は，[1$\bar{1}$00]方向である。図から明らかなように，バルク単結晶成長中に，基底面転位が貫通刃状転位に，あるいはその逆に貫通刃状転位が基底面転位に変換しているのが分かる。これらの転位変換は，エピタキシャル薄膜成長時と同様に，結晶成長中のある段階で急峻に起こっている。

さらに，転位の変換に関して興味深い現象が液相成長においても報告されている。準安定溶媒エピタキシー（metastable solvent epitaxy：MSE）法と呼ばれる液相成長法において，SiC単結晶基板中の貫通らせん転位が，液相エピタキシャル成長に際してFrank型の基底面積層欠陥に変換することが報告されている[37]。貫通らせん転位の積層欠陥への変換はCVD法による気相エピタキシャル成長においても報告されているが[22]，このMSE法においては注目すべき点は，基

表2　各種転位のデバイスへの影響と4H-SiC単結晶基板及びエピ膜中の密度

転位の種類	デバイスへの影響	密度（現状市販品）	密度（R&D達成値）
貫通らせん転位	耐圧劣化 酸化膜不良 エピ欠陥の発生原因	$8\times10^2-3\times10^3$cm^2（基板）	$100-150$/cm^{2}程度（基板）
貫通刃状転位	少数キャリアの ライフタイムキラー	$5\times10^3-2\times10^4$/cm^2（基板）	10^2-10^3/cm^2（基板）
基底面転位	順方向特性劣化 酸化膜不良	$2\times10^3-2\times10^4$/cm^2（基板）[※] $2\times10^2-2\times10^3$/cm^2（エピ膜）[※]	$\sim0-20$/cm^2（エピ膜）

[※]（0001）8°オフ面上のエッチピット密度として評価

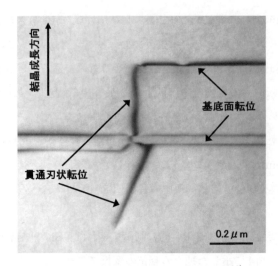

図6 バルク単結晶成長中の転位の変換[36]

板中の貫通らせん転位のほとんどが結晶成長中にFrank型の積層欠陥に変換している点である。また，この成長法では，CVDエピタキシャル成長と同様に，基底面転位から貫通刃状転位への変換も起こっているが，CVD法では基板／エピ膜界面でほとんどの転位が変換しているのに対し，MSE法ではエピ膜成長中，徐々に変換が起こっている点が大きく異なっている。これらの違いは，両者の成長モード及び界面エネルギーの違いに起因しているものと考えられる。

2.6 おわりに

SiC単結晶基板の高品質化技術について最近の開発動向について述べた。SiC単結晶基板は100mm口径までの大型化が実現され，また，マイクロパイプ欠陥の極めて少ないSiC単結晶基板の製造も可能となった。既に，ショットキー障壁ダイオードのように商業化が開始されたデバイスもあり，Siデバイスの限界を超える高性能なSiCパワートランジスタも数多く報告されている。今後，さらなる欠陥の低減が進み，より高性能なSiCデバイスが市場に投入されるものと期待している。

文　献

1) Yu. M. Tairov and V. F. Tsvetkov, *J. Cryst. Growth*, **43**, 209（1978）

第1章　SiC

2) 半導体SiC技術と応用, 松波弘之編著, p.15, 日刊工業新聞社（2003）
3) M. Nakabayashi *et al.*, *Mater. Sci. Forum*, **600-603**, 3（2008）
4) R. T. Leonard *et al.*, *Mater. Sci. Forum*, **600-603**, 7（2008）
5) N. Kuroda *et al.*, *Ext. Abstr. 19th Conf. Solid State Devices and Materials*, Tokyo, p. 227（1987）
6) Press release from AIXTRON AG（November 13, 2007）（http://www.epigress.com）
7) H. Yashiro *et al.*, *Mater. Sci. Forum*, **600-603**, 819（2008）
8) V. D. Heydemann *et al.*, *Mater. Sci. Forum*, **457-460**, 805（2004）
9) H. Hara *et al.*, *J. Electron. Mater.*, **35**, L11（2006）
10) K. Hotta *et al.*, *Mater. Sci. Forum*, **600-603**, 823（2008）
11) F. C. Frank, *Acta. Cryst.* **4**, 497（1951）
12) P. G. Neudeck and J. A. Powell, *IEEE Electron Device Lett.*, **15**, 63（1994）
13) N. Ohtani *et al.*, *J. Cryst. Growth*, **226**, 254（2001）
14) I. Kamata *et al.*, *Jpn., J. Appl. Phys.*, Part1 **39**, 6496（2000）
15) H. Tsuchida *et al.*, *J. Cryst. Growth*, **306**, 254（2007）
16) M. Benamara *et al.*, *Appl. Phys. Lett.*, **86**, 021905（2005）
17) J. P. Bergman *et al.*, *Mater. Sci. Forum*, **353-356**, 299（2001）
18) J. Senzaki *et al.*, *Mater. Sci. Forum*, **483-485**, 661（2005）
19) R. C. Glass *et al.*, *Phys. Stat. Sol.*,（b）**202**, 149（1997）
20) N. Ohtani *et al.*, "Silicon Carbide, Recent Major Advances", ed. W. J. Choyke, H. Matsunami, G. Pensl, p. 137, Springer, Berlin（2003）
21) S. Ha *et al.*, *J. Cryst. Growth*, **244**, 257（2002）
22) H. Tsuchida *et al.*, *J. Cryst. Growth*, **310**, 757（2008）
23) J. Q. Liu *et al.*, *Appl. Phys. Lett.*, **80**, 211（2002）
24) J. Hassan *et al.*, *Technical Digest of ICSCRM 2007*, Th-IP-1
25) J. Senzaki *et al.*, *Technical Digest of ICSCRM 2007*, Tu-2A-5
26) X. J. Ning *et al.*, *J. Am. Cera. Soc.*, **80**, 1645（1997）
27) J. Takahashi *et al.*, *J. Cryst. Growth*, **181**, 229（1997）
28) H. Iwata *et al.*, *Phys. Rev.* B, **65**, 033203（2001）
29) N. Ohtani *et al.*, *Jpn. J. Appl. Phys.*, **45**, 1738（2006）
30) Y. Chen *et al.*, *Mater. Res. Soc. Sym. Proc.*, **911**, 151（2006）
31) S. Nakamura *et al.*, *J. Cryst. Growth*, **256**, 341（2003）; ibid **256**, 347（2003）
32) K. Kojima *et al.*, *J. Cryst. Growth*, **269**, 367（2004）
33) J. Hassan *et al.*, *J. Cryst. Growth*, **310**, 4424（2008）
34) Z. Zhang *et al.*, *Appl. Phys. Lett.*, **87**, 151913（2005）
35) R. E. Stahlbush *et al.*, *Mater. Sci. Forum*, **600-603**, 317（2008）
36) N. Ohtani *et al.*, *J. Cryst. Growth*, **286**, 55（2006）
37) 浜田信吉ほか, 第69回応用物理学会学術講演会講演予稿集, 2a-CE-1（2008）

3　SiCエピタキシャル薄膜の多形制御技術

児島一聡*

3.1　はじめに

　SiCウエハにおいてエピタキシャル成長技術は現在欠くことのできない技術である。電子デバイス応用を目的とする半導体エピタキシャルウエハに求められる特性としては以下のような項目が挙げられる。

① 高純度であること
② 不純物濃度や伝導度の制御が高精度かつ高均一であること
③ 表面平坦性が高いこと

　SiCバルク結晶は昇華法を用いて2千数百度の温度で作製される。そのため作製されたバルク基板は純度及び不純物濃度の制御という点でSiやGaAsのそれに比べると劣り，バルク基板上に直接電子デバイスを作製することは困難である。そのため，SiCウエハではエピタキシャル成長層が電子デバイス作製上無くてはならないものである。

　一方，SiCは異種ポリタイプ（多形）を取りやすい材料である。そのためバルク結晶同様エピタキシャル成長においても多形の混入のないエピタキシャル成長層を安定して作製する技術が極めて重要となる。この多形制御はSiやGaAsのエピタキシャル成長技術とは大きく異なる点である。

　今日では6Hや4Hといった六方晶単一多形の {0001} バルク基板が入手可能であり，それらの基板上にホモエピタキシャル成長が行われる。エピタキシャル成長技術としては気相化学成長法（CVD法），液相成長法（LPE法），分子線エピタキシー法（MBE法）等があるがSiCではSi同様CVD法によるエピタキシャル成長が再現性・品質・生産性の観点から使用される。CVD法における {0001} 面のエピタキシャル成長で，多形を安定させるためには1800℃以上の温度が必要でありこれより低い温度では多形が安定せず立方晶（3C）のポリタイプが混入してしまうという問題があった。多形が混入すると材料物性が安定しなくなるのはもとよりグレインバウンダリーの形成などにより表面平坦性も失われてしまう。

　この問題に対して1987年から88年にShibahara等（京都大学），あるいはKong等（ノースカロライナ州立大学）が相次いで {0001} からオフ角を設けたバルク基板を用いることで従来よりも300℃前後も低温の温度で多形が安定して成長することを発表[1,2]，これにより単一多形で表面平坦性にも優れた高品質な6H-や4H-SiCのエピタキシャル薄膜の成長が可能になった。この技術はステップ制御エピタキシーと呼ばれ，今日のSiCエピタキシャル成長技術の基礎とな

---

*　Kazutoshi Kojima　㈱産業技術総合研究所　エネルギー半導体エレクトロニクス研究ラボ

っている．本節では以下3．2節でステップ制御エピタキシーの詳細を述べ，3．3節ではこの技術を基本とした最近の多形制御技術の新展開について実際のデータを交えて紹介する．

3．2　多形制御の基礎（オフ基板を用いたステップ制御エピタキシー）

図1にSiCの結晶構造の模式図を示す．図1(a)は六方晶の｛0001｝面の原子配列，これは立方晶の（111）面と同じ面であり，図1(b)は（11-20）面から見たc軸方向の結晶の周期構造で六方晶の6H及び4H，立方晶の3Cについて示してある．図からわかるようにポリタイプによって｛0001｝面の結晶構造の違いは無く，c軸方向の周期構造の違いのみがポリタイプを決定づけることがわかる．

Just基板上ではステップ密度が少なくテラス幅が広いために，基板表面に到達した原子がステップ端に取り込まれる前にテラス上で核形成する確率が高くなる．テラス上は｛0001｝面の周期構造の情報のみが存在し，c軸方向の周期構造の情報は現れていない．そのため，テラス上で核発生した結晶は基板の持つc軸方向の周期情報を反映することができず，温度から決定される安定相が形成される[3]．SiCは低温では3Cが安定相となるので3Cの結晶が容易に混入する．

一方，オフ基板上ではステップ密度が高くなり，またテラス幅も狭くなるために基板表面に到達した原子がステップ端に取り込まれる確立が飛躍的に向上する．ステップ端では基板のC軸方向の周期構造情報が現れているために成長層にその情報が引き継がれポリタイプを安定させることができる．さらに成長様式がステップフロー成長となるためステップが常に成長の起点となることから多形の混入のないSiCホモエピタキシーが実現できる．図2にjust基板とオフ基板の時の成長様式の模式図を示しておく．

この技術はKimoto等によりBCF理論に基づいたSiCの成長モデルを用いてウエハ表面の吸着種の挙動が定量的に解析されており，ステップフローとテラス上での2次元核形成の臨界条件が

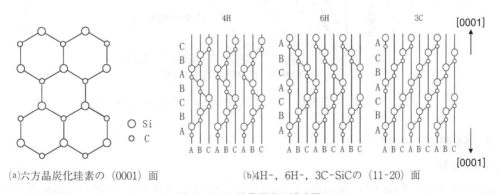

(a)六方晶炭化珪素の（0001）面　　(b)4H-，6H-，3C-SiCの（11-20）面

図1　SiCの結晶構造の模式図

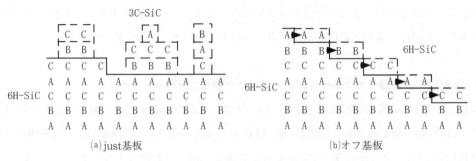

(a) just基板　　　　　　　　　　(b) オフ基板

図2　just基板上とオフ基板上でのエピタキシャル成長の模式図

成長温度，成長速度，オフ角をパラメータとして示されている[4]。その結果を図3に示す。オフ角が0.2°とjustに近い場合，数μm/hの成長速度でステップフローを起こすには1800℃近い温度が必要であるがオフ角を3°まで大きくすると1500℃程度の低温での成長が可能である。ステップ制御エピタキシーは3Cの混入を防ぎながら低温での成長が可能なので特に六方晶のホモエピタキシャル成長に有効である。

本技術はすでに広く使用されており，6H-SiCでは3.5°，4H-SiCでは8°もしくは4°のオフ角を付けたSiC基板がエピタキシャル成長に使用されている。

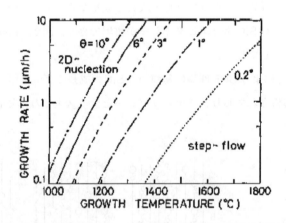

図3　成長温度，成長速度，ウエハオフ角における成長様式の臨界条件[4]

3.3　多形制御の新展開

3.3.1　背景

SiCバルク基板は1991年に米国Cree社が1インチウエハの市販を開始して以来1997年には2インチ，2000年には3インチ，2005年には4インチとウエハ外径は拡大してきた。今日ではそ

れらのウエハの大部分は電気特性のより優れた4Hのポリタイプとなっている。ウエハのオフ角は2インチが主流であった時代は8°という比較的大きなオフ角が設けられていた。一方ウエハ径が3インチ，4インチが主流となってくるとインゴットの切り代を低減し，ウエハの歩留まりを向上させるためにオフ角の低角化が推し進められ，今日では4°という従来の半分のオフ角が主流となっている。

一方このウエハオフ角の低減はデバイス特性向上の観点からも求められている。SiCバルク結晶はSiのそれに比べると結晶転位密度が桁で高く，マイクロパイプ，螺旋転位，刃状転位といった各種の転位欠陥を含んでいる。マイクロパイプは古くからキラー欠陥として知られており，この欠陥の低減が求められていたが，今日この問題はほぼ解決されマイクロパイプを含まないSiCバルク基板が市場に投入されている。これに代わって基底面 {0001} 面に横たわる基底面転位がデバイスキラー欠陥として注目されるようになった。2000年，基底面転位がPiNダイオードの順方向に長時間電流を流した際，抵抗の増加を引き起こすことが報告され[5]，続いて酸化膜の絶縁破壊の原因になる[6]ことが報告されこの基底面転位の低減が求められるようになった。基底面転位はエピタキシャル成長の際エピ／基板界面においてc軸方向の刃状転位に変換することがわかっておりエピタキシャル成長により基底面転位の密度を低減することが可能である[7]。この変換効率はウエハオフ角が低くなるほど高くなることが知られている[8]。また幾何学的にウエハオフ角が小さいほど基底面転位はウエハ周辺部へ逃げていき，転位密度の低減を図ることが可能である。

このようなバルクウエハ作製側，デバイス作製側からの要求によりエピタキシャル成長に用いるバルクウエハのオフ角低減が求められている。

このような観点から近年，従来は困難とされてきたjust基板あるいは1°以下の微傾斜基板上へのエピタキシーが盛んに研究され，2インチウエハ前面においてホモエピタキシャル成長が可能になってきている。本節ではその詳細について以下に紹介する。なお，以下の項で述べるSiCの多形については特に断りのない場合4Hの結晶多形についてのものである。また本項ではウエハのオフ角については1°以下の微傾斜基板をjust基板と呼ぶこととする。

3.3.2　Just基板上のエピタキシー技術

これまで述べてきたように，just基板上へのエピタキシャル成長ではいかにして多形の混入を抑えるか，いかにして表面の平坦性を抑制するかが鍵となる。

多形の抑制についてはバルク成長技術における多形の制御技術を利用することが可能である。SiCの {0001} 面は極性面であり，Si原子で終端された面をSi面，C原子で終端された面をC面と呼ぶ。一般に4H-SiC {0001} 面のバルク成長においては種結晶に4H-SiCあるいは6H-SiCのC面を用いることで4H-SiCが安定して成長できることが知られている[9,10]。

また，C面はSi面に比較して表面自由エネルギーが小さいことが実験的にわかっている[11]。表面自由エネルギーが小さいということは「ぬれ」性が高いことを意味しており，表面が平坦化しやすい。実際オフがついた4H-SiCの結晶成長においてもSi面に比べてC面の方がエピタキシャル成長表面の平坦性が高いことが知られている[12]。

このようなことからjust基板上へのエピタキシャル成長ではC面の持つ性質が非常に重要であることがわかる。

以下，①ではC面を用いたjust基板上へのエピタキシャル成長の結果について述べる。②ではC面で得られた知見をSi面へ応用し，Si面におけるjust基板上へのエピタキシャル成長の結果を紹介する。

エピタキシャル成長用の気相化学成長装置（CVD）装置は標準的な横型Hot Wall構造の熱CVD装置である。ガスシステムはH_2をキャリアガス，SiH_4，C_3H_8を原料ガスとする一般的なガスシステムを用いている。図4にCVD装置の模式図と標準的な成長プロセスを示す。

成長プロセスは図からわかるようにエッチングプロセスと成長プロセスの2段構成であり，SiCのホモエピタキシャル成長としては標準的なプロセスである。

エッチングプロセスでは水素のみを流した状態で加熱を開始すると千数百度から水素とSiCが化学反応し，SiCが水素により分解される。この現象を利用してSiC基板表面の研磨加工変質層

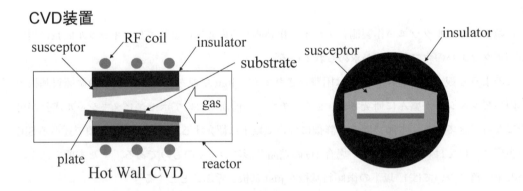

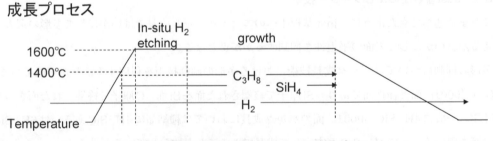

図4　CVD装置の模式図とエピタキシャル成長プロセス

第1章　SiC

の除去や基板表面のステップの状態制御を行うことができる。

① C面[13]

図5に水素によるエッチングプロセス直後の基板の表面状態についてC面とSi面で比較した結果を示す。微分干渉顕微鏡による表面モフォロジーの結果からわかるようにC面は非常に平坦なモフォロジーを示しているがSi面では微分干渉顕微鏡で識別可能な巨大なステップテラス構造が観察されている。これらの表面を原子間力顕微鏡（AFM）で観察するとC面ではウエハオフ角に対応した規則正しいステップテラス構造が観察され，そのステップ高さはほぼ1nmと4H-SiCのc軸の格子定数を反映したものとなっている。一方，Si面ではステップ高さが数10nmと巨大なステップバンチングを起こしていることがわかる。このことからC面を用いることで表面モフォロジーの平坦化が可能であることは容易に推察される。

図6に実際にエピタキシャル成長を行った結果を示す。図はSi面とC面それぞれにおいてSiH_4ガスとC_3H_8ガスの導入量から導き出されるSi原子とC原子の割合（C/Si比）をパラメータとした実験結果である。このC/Si比はSiCのエピタキシャル成長における重要なパラメータであ

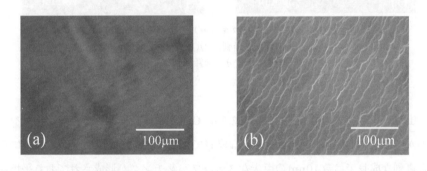

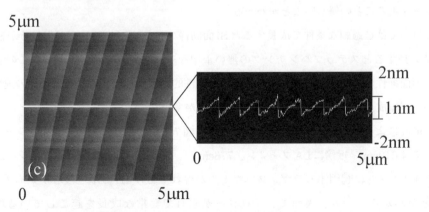

図5　面極性による水素エッチング後の基板表面モフォロジー
(a)C面の微分干渉顕微鏡像，(b)Si面の微分干渉顕微鏡像，(c)図5(a)のAFM像

パワーエレクトロニクスの新展開

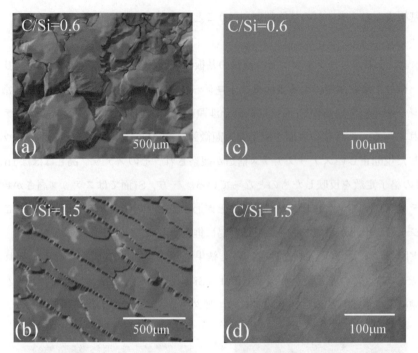

図6　面極性とC/Si比によるエピタキシャルウエハ表面モフォロジーの変化
(a)Si面，Si過剰，(b)Si面，C過剰，(c)C面，Si過剰，(d)C面，C過剰
（写真は微分干渉顕微鏡像）

り，C/Si＜1の時はSi過剰の成長，C/Si＞1の時はC過剰の成長であることを意味する。

図からわかるようにSi面においてSi過剰な成長では2次元核形成が支配的な成長になっており，一方C過剰な成長では数10nmの巨大なステップバンチングが形成されており平坦な表面モフォロジーを得ることの難しいことがわかる。

C面においてはC過剰な条件で成長するとSi面同様ステップバンチングが生じるがSi過剰な雰囲気で成長するとステップバンチングの無い平坦なモフォロジーが得られる。このようなSi面とC面の面極性の違い，及び成長条件の違いは定性的には前述の表面エネルギーの違いで説明できるが，詳細成長メカニズムについては不明な点が多い。

ラマン散乱によりポリタイプの同定を行った所，図7に示すように表面モフォロジーが平坦な所においては610cm^{-1}近傍にLAフォノン，776cm^{-1}，796cm^{-1}近傍にTOフォノン，964cm^{-1}近傍にLOフォノンに起因するラマンスペクトルが現れており4Hの単一のポリタイプになっていることがわかる。一方，表面モフォロジーが荒れて異常な成長を起こしている場所では796cm^{-1}近傍にTOフォノン，972cm^{-1}近傍にLOフォノンに起因するラマンスペクトルが現れており3Cの多形が混入していることがわかる。

第1章　SiC

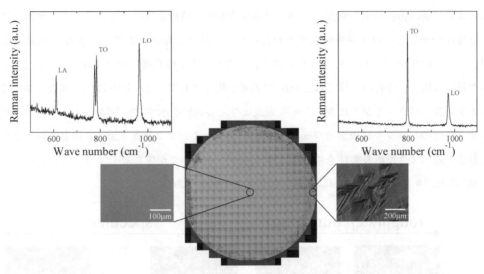

図7　ラマン散乱によるポリタイプの同定と表面モフォロジー

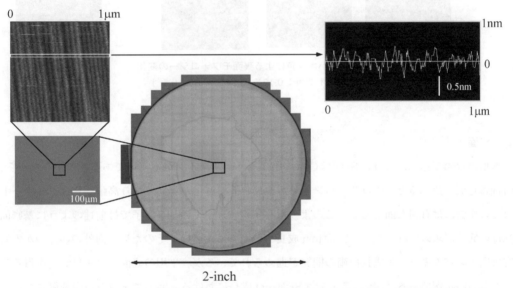

図8　2インチウエハを用いたjust基板上のホモエピタキシャル成長の結果（ウエハオフ角：0.8°）
　　　図中央：ウエハ全体の微分干渉顕微鏡写真，図左：ウエハ中央部の拡大写真，
　　　図左上：1μm角のAFM像

　このように表面エネルギーという観点からC面を用いることでjust基板においても多形の混入を押さえかつ表面を平坦化することが可能である。本技術により図8に示すように2インチウエハ全面にわたっての成長が可能であり，ここには示していないが3インチウエハでも可能になっている。

ここまでC面のjust基板の成長についての基本的な成長技術を述べてきた。一方，テクノロジーとしてはいかにして再現性を確保するかということは重要なファクターである。Just基板は絶対値としての0°オフというものは存在せず，少なからずその角度にバラツキが存在する。SiCバルク基板の場合，今日の仕様では±0.5°の誤差が規定されている。図9にjust基板におけるウエハオフ角度のバラツキがエピタキシャル成長に与える影響を示す[14]。図からわかるようにウエハのオフ角度のバラツキは表面モフォロジーに影響を与え，オフ角が0.25°より小さいところではこれまで述べてきた成長条件を用いてもステップバンチングが生じてしまうことがわかる。一方0.25°以上のオフ角では安定的に成長を行うことが可能である。

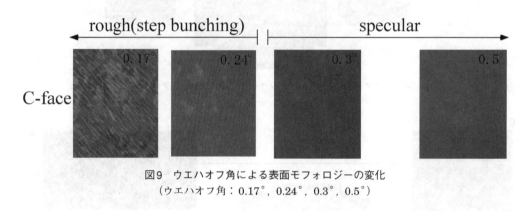

図9　ウエハオフ角による表面モフォロジーの変化
（ウエハオフ角：0.17°, 0.24°, 0.3°, 0.5°）

② Si面[15, 16]

　本項の冒頭で述べたようにSi面はC面に比べるとポリタイプが不安定である。しかしながら，Si面はC面に比べるとn型のドーパントであるNの低濃度化が容易であり高耐圧PiNダイオードなどの作製には有利な面である。このようなバイポーラー系のSiC素子では前述のように基底面転位の低減が求められており，Si面just成長への期待は大きい。そのため，海外のいくつかの研究機関でエピタキシャル成長技術の開発が進められているが，平坦の表面モフォロジーを得ることが難しい状況である[17〜22]。ここではSi面just成長における表面モフォロジーの制御について述べる。

　①の図9でC面just基板おけるウエハオフ角のバラツキが表面モフォロジーに与える影響を紹介した。Si面においても同様の影響を考慮することは必要なことであり，そのことを調べた結果を図10に示す。なお，成長条件については①で紹介したSi過剰な成長条件下で成長を行った。詳細な成長条件については当該文献を参照されたい。ウエハのオフ角が0.3°の時は2次元核形成が支配的な成長様式であるが，0.42°と約0.1°角度が大きくなることで，その成長様式はステップバンチングが支配的な成長様式へと劇的に変化する。オフ角度が0.79°まで大きくなるとSi面

第1章　SiC

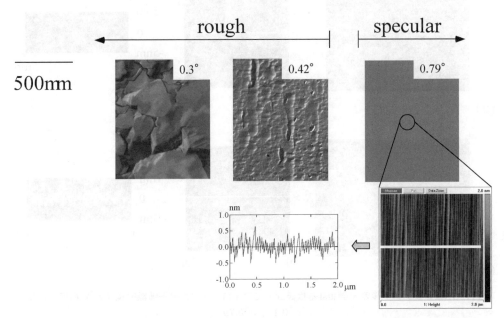

図10　Si面におけるウエハオフ角による表面モフォロジーの変化
(ウエハオフ角は0.3°, 0.42°, 0.79°。オフ角0.79°についてはエピタキシャルウエハ表面のAFM像も示す)

においても原子レベルで平坦なモフォロジーの得られることがわかる。この結果を①の図9と比較すると，Si面の方がC面に比べて大きいオフ角度が必要であることがわかる。これはSi面とC面の表面エネルギーの違いを反映したものと定性的には考えられる。

このようなSi面における微小なオフ角度の違いは水素エッチングプロセスからすでにその影響が現れている。図11にオフ角度が異なるSi面基板の水素エッチング直後の表面モフォロジーを示す。図からわかるようにオフ角が0.1°と小さい場合は水素エッチングの段階で激しいステップバンチングが生じているが0.79°とオフ角度を大きくすると水素エッチング時のステップバンチングは効果的に抑制される。

このようにSi面においてはC面よりもやや大きいオフ角度を用いることでjust基板においても多形の混入が無くかつ経表面モフォロジーの平坦なエピタキシャル成長が可能である。図12に2インチSi面just基板上へのエピタキシャル成長の結果を示す。ウエハエッジ近傍に異常成長が存在するが他の大部分では良好な結晶成長が可能である。

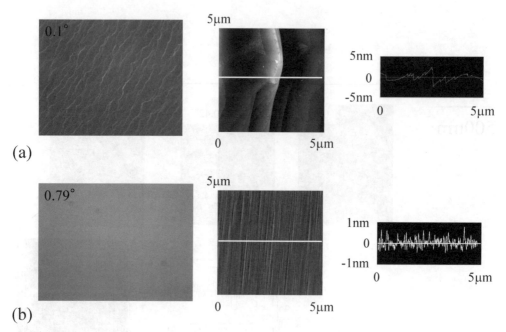

図11 水素エッチング後のSi面just基板表面のモフォロジー（微分干渉顕微鏡像とAFM像を示す）
(a)0.1°, (b)0.79°

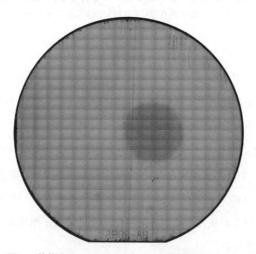

図12 2インチSi面just基板上へのエピタキシャル成長の結果（ウエハオフ角：0.79°）

③ 塩素化物の効果

これまではSiCのエピタキシャル成長ではもっとも標準的なSiH_4-C_3H_8-H_2を用いたCVDシステムについて述べてきた。一方，近年，塩化水素ガスを前述のCVDシステムに添加あるいは，Si源として塩素を含んだメチルトリクロルシラン（MTS），トリクロルシラン（TCS）を用いる

第1章 SiC

ことで成長速度が100μm/hを超える高速なエピタキシャル成長が可能になっている[23〜25]。このような高速成長は膜厚が100μmを超える厚いエピタキシャル膜が必要な高耐圧PiNダイオードやIGBTを目的としている。このような高耐圧デバイスは基底面転位の影響が大きい。そのため，基底面転位の低減を目的としてjust基板上への塩素化物を用いた高速成長の試みがなされている[20,21]。詳細については該当文献を参照されたいが，傾向としては高速成長の場合，多形の制御が問題であり，成長条件の最適化により50μm/hを超える速度で2インチウエハ全面で4Hを安定して成長させることが可能になってきている。

一方，表面モフォロジーについては依然として2次元核形成の激しいモフォロジーであるが，近年，スウェーデンのリンチョピン大学から0.3°というオフ角を設けることで，塩素化物を用いた数10μm/hの高速成長においても表面平坦性に優れたエピタキシャル成長が可能であることが報告された[21]。この0.3°という角度は前項で述べた結果からでは成長の困難な角度であり，塩素化物の効果と推察される。本結果については成長の事実だけが報告されただけであり，成長メカニズム等の詳細については今後の進展が期待される。

3.4 おわりに

これまでSiCのエピタキシャル成長においては数度という大きなオフ角がSiC基板に必須とされてきた。しかし本節で述べてきたように面極性，成長条件，を適切に組み合わせることでJust基板を用いたエピタキシャル成長においても，多形制御・表面モフォロジー制御が可能になってきた。これによりSiCエピタキシャル成長におけるウエハオフ角の問題はほぼ解決されたように見える。しかし，Just基板上のエピタキシャル成長ではその結果だけが先行しており実験結果に対する学術的裏付けは今後の課題である。

これまでの議論は材料主導の議論である。これまでエピタキシャルウエハに求められる多形制御，表面平坦性を容易に実現するためには8°ないし4°のオフ角が必要であった。しかし，このようにエピタキシャル成長技術としてオフ角の問題が無くなりつつあるなかで，実際にはSiCデバイスとして考えたときに求められるウエハのオフ角度はどの程度なのかという点において議論が進むことを今後は期待したい。

文　献

1) K. Shibahara, N. Kuroda, S. Nishino and H. Matsunami, *Jpn. J. Appl. Phys.*, **26**, L1815 (1987)

2) H. S. Kong, J. T. Glass and R. F. Davis, *J. Appl. Phys.*, **64**, 2672（1988）
3) W. F. Knippenberg, *Philips Res. Rept.*, **18**, 161（1963）
4) T. Kimoto and H. Matsunami, *J. Appl. Phys.*, **75**, 850（1994）
5) J. P. Bergman, H. Lendenmann, P. Å. Nilsson, U. Lindefelt and P. Skytt, *Mater. Sci. Forum*, **353-356**, 299（2001）
6) J. Senzaki, K. Kojima, T. Kato, A. Shimozato and K. Fukuda, *Appl. Phys. Lett.*, **89**, 022909（2006）
7) K. Kojima, T. Kato, S. Kuroda, H. Okumura and K. Arai, *Mater. Sci. Forum*, **527-529**, 147（2006）
8) H. Tuchida, T. Miyanagi, I. Kamata, T. Nakamura, K. Izumi, K. Nakayama, R. Ishii, K. Asano and Y. Sugawara, *Mater. Sci. Forum*, **483-485**, 97（2005）
9) G. Augustine, H. McD. Hobgood, V. Balakrishna, G. Dunne and R. H. Hopkins, *Phys. Stat. Sol.,*（b）**202**, 137（1997）
10) M. Kanaya, J. Takahashi, Y. Fujiwara and A. Moritani, *Appl. Phys. Lett.*, **58**, 56（1991）
11) M. Syväjärvi, R. Yakimova and E. Janzén, *Diamond Relat. Mater.*, **6**, 1266（1997）
12) T. Kimoto, A. Itoh and H. Matsunami, *Appl. Phys. Lett.*, **66**, 3645（1995）
13) K. Kojima, H. Okumura S. Kuroda and K. Arai, *J. Crystal Growth*, **269**, 367（2004）
14) 児島一聡，黒田悟史，奥村元，荒井和雄，第52回応用物理学関連連合会講演予稿集，31p-YK-5,（2005）
15) 児島一聡，先崎純寿，奥村元，第69回応用物理学会学術講演会講演予稿集，2a-CE-3,（2008）
16) K. Kojima, H. Okumura and K. Arai, *Mater. Sci. Forum*, **113**, 615-617（2009）
17) C. Hallin, Q. Wahab, I. Ivanov, P. Bergman and E. Janzén, *Mater. Sci. Forum*, **457-460**, 193（2004）
18) J. Hassan, C. Hallin, J. P. Bergman and E. Janzén, *Mater. Sci. Forum*, **572-529**, 18（2006）
19) J. Hassan, J. P. Bergman, A. Henry, E. Janzén, *J. Crystal Growth*, **310**, 4424（2008）
20) S. Leone, H. Pedersen, A. Henry, O. Kordina and E. Janzén, *Mater. Sci. Forum*, **600-603**, 107（2009）
21) S. Leone, H. Pedersen, A. Henry, S. Rao, O. Kordina and E. Janzén, *Mater. Sci. Forum*, **93**, 615-617（2009）
22) J. Hassan, J. P. Bergman, A. Henry P. Brosselard, P. Godignon and E. Janzén, *Mater. Sci. Forum*, **133**, 615-617（2009）
23) D. Crippa, G. L. Valente, A. Ruggiero, L. Neri, R. Reitano, L. Calcagno, G. Foti, M. Mauceri, S. Leone, G. Pistone, G. Abbondanza, G. Abbagnale, A. Veneroni, F. Omarini, L. Zamolo, M. Masi, F. Roccaforte, F. Giannazzo, S. Di Franco and F. La. Via, *Mater. Sci. Forum*, **483-485**, 67（2005）
24) Peng Lua, J. H. Edgara, O. J. Glembockib, P. B. Kleinb, E. R. Glaserb, J. Perrinc and J. Chaudhuri, *J. Crystal Growth*, **285**, 506（2005）
25) F. La Via, G. Izzo, M. Mauceri, G. Pistone, G. Condorelli, L. Perdicaro, G. Abbondanza, L. Calcagno, G. Foti and D. Crippa, *J. Crystal Growth*, **311**, 107（2008）

4 SiCパワーMOSFETの開発

福田憲司*

SiCのエネルギーギャップは，Siの約3倍であり，絶縁破壊電界が約1桁高い。その結果，同じ耐圧のSiパワーMOSFETと比較して，ドリフト層の厚さを1/10以下に薄くできると同時に，不純物の濃度も約2桁高くすることができるので，理論的には，導通状態での抵抗値（オン抵抗）がSiパワーMOSFETの約1/200になると予測されており，省エネデバイスとして期待されている。SiCパワーMOSFETのゲート酸化膜は，SiパワーMOSFETと同様に熱酸化で形成できる等，多くの製造プロセスがSiと同じ技術を用いることが可能であるので，他の化合物半導体よりもパワーMOSFETを製造することが容易である。しかし，図1に代表的なパワーMOSFET構造であるプレーナー型のパワーMOSFETの模式断面図を示してパワーMOSFETを作製する上で重要なプロセスを記載するが，①ソース／Ｐウエル形成用高温イオン注入／活性化アニール技術，②SiCとソース／ドレイン電極間のオーミックコンタクト形成技術，③高チャネル移動度を有するMOS界面制御技術，及び④高信頼性ゲート絶縁膜形成技術等がSiパワーMOSFETの製造プロセスと大きく異なる。ここでは，まず，SiC-MOSFET製造のための要素プロセスの現状と課題について述べ，次いで，SiCパワーMOSFETの開発状況と応用について述べる。

4.1 SiCパワーMOSFET製造のための要素プロセスの現状と課題
4.1.1 ソース／Ｐウエル形成用高温イオン注入／活性化アニール技術

SiC素子作製において，Ｎ型の不純物としては，燐あるいは窒素が用いられる。一方，Ｐ型の不純物には，ボロンあるいはアルミニウムが用いられるが，一般には，活性化率が高いのでアルミニウムが用いられる。SiC基板への不純物のイオン注入は，しばしばアモルファス化を抑制するために200〜500℃の高温で行われる。したがって，イオン注入用マスクには，SiパワーMOSFETのようにレジストを用いることができず，絶縁膜や金属膜が用いられるので，これらの材料の形成／加工技術の開発が重要である。また，十分な活性化率を得るために，1600℃以上の高温で活性化熱処理が行われる。Ｎ型不純物では，ドーズ量$2 \times 10^{16} cm^{-2}$の燐をイオン注入した試料において，1700℃で活性化アニールすることにより，38Ω／□の十分に低いシート抵抗値が得られる[1]。一方，Ｐ型不純物では，ドーズ量$3 \times 10^{16} cm^{-2}$のアルミニウムを0.2μmの深さにイオン注入した試料において，1800℃で1分間の活性化アニールすることにより

---

* Kenji Fukuda　㈱産業技術総合研究所　エネルギー半導体エレクトロニクス研究ラボ
SiCパワーデバイス技術統括

パワーエレクトロニクスの新展開

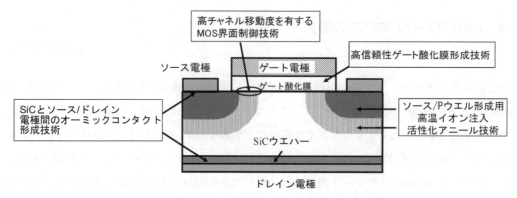

図1　プレーナー型パワーMOSFETの模式断面図

2.3kΩ／□のシート抵抗値が得られるとの報告がある[2]。P型不純物の場合のシート抵抗値はかなり高いが，オーミックコンタクトを形成できる。シート抵抗値を低くするために，活性化アニール温度を高くするとSiC表面からSiが蒸発して表面の凹凸が大きくなる。図2に高温活性化アニール前後のSiC表面のAFM像を示すが，活性化アニール後は，表面粗度が大きくなっていることがわかる。この対策として，処理時間を1分以下の短時間で処理する技術の他に，最近では，レジストやカーボン膜でSiC表面を覆って活性化アニールをする技術が報告されている[3,4]。様々な活性化アニール装置が市販されているが，高い活性化率と低い表面粗度を両立するのは難しい。SiC表面を覆う等の技術と併用する必要がある。さらに，装置メーカーは，高スループットの量産対応型の活性化アニール装置を開発することが必須である。

4.1.2　SiCとソース／ドレイン電極間のオーミックコンタクト形成技術

大電流を流すためにSiCとソース／ドレイン電極間にオーミックコンタクトを形成する必要がある。オーミックコンタクトは，高濃度に不純物を注入したSiC領域上に，金属膜を形成した後に，熱処理することにより形成される。N型領域にはNiを，P型領域にはTi/Al積層電極を用いて，アルゴン中で1000℃程度の高温において急速アニールをすると低いコンタクト抵抗値（オーミックコンタクト）が得られる[5]。また，実際のパワーMOSFETでは，ソース（N型領域）とPウエル（P型領域）へ同じ金属膜を形成して熱処理をすることにより，どちらの領域にもオーミックコンタクトが形成できることが望ましい。Ni/Alの積層金属膜を用いることにより，N型領域とP型領域に同時にオーミックコンタクトが形成できる[5]。最近では，オーミックコンタクト形成のための熱処理によるMOS界面劣化が問題になっている。(000-1)C面と(11-20)面では，オーミックコンタクトを形成するための熱処理を高温で行うと，界面特性が劣化して急激にチャネル移動度が低下する[6,7]。これは，界面準位を終端していた-H基あるいは，-OH基が高温での熱処理により除去されて，界面準位が増加するためである。熱処理温度を下げると，

第1章　SiC

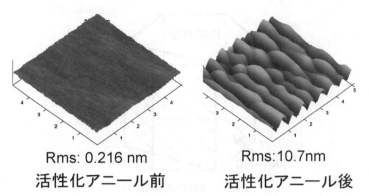

Rms: 0.216 nm　　　　　Rms:10.7nm
活性化アニール前　　　　活性化アニール後

図2　活性化アニール（1700℃×5分）によるSi (0001) 面の変化（原子間力顕微鏡による測定結果）

この劣化は抑制されるが，コンタクト抵抗が高くなる。この問題を回避するには，(000-1) C面では，水素雰囲気中における高温での熱処理が有効であり，良好なMOS界面形成とオーミックコンタクト形成が両立できる[6]。このように，今後は，パワーMOSFETにおいてはMOS界面特性を劣化させないオーミックコンタクト形成技術が必要とされる。

4.1.3　MOS界面形成技術

SiC-MOSFETのオン抵抗は，理論的には，Si-MOSFETよりも約2桁低いと試算されているが，長い間，それほど低くならなかった。これは，SiC-MOS界面の準位がSi-MOS界面のそれよりも1桁以上高いために，チャネル移動度が低く，オン抵抗の大部分を占めるチャネル抵抗が高いことに起因している。電子が界面準位に捕獲されてしまうことにより，その密度が低くなる。あるいは，捕獲された電子によるクーロン散乱が大きくなることによりチャネル移動度は低くなる。したがって，界面準位密度を下げるゲート酸化膜の形成技術が精力的に研究されてきた。図3，4にSiCの結晶構造と酸化速度の面方位依存性を示すが，酸化速度は，面方位によって大きく異なる。(000-1) C面が一番速く，次いで，(11-20) 面，(0001) Si面の順である。(000-1) C面の酸化速度は，(0001) Si面の約10倍も大きく，良好なMOS界面が形成される条件も面方位によって異なる。(0001) Si面では，N_2O/NOガス処理により界面準位密度が下がり，30cm^2/Vs程度の値が報告されている[8]。(11-20) 面では，H_2Oを含んだ雰囲気を用いたパイロジェニック酸化法（ウエット酸化法）が有効である。パイロジェニック酸化法でゲート酸化膜を形成した後に，H_2Oを含んだ雰囲気中で降温することにより244cm^2/Vsが得られる[7]。(0001) Si面と(000-1) C面の絶縁破壊電界は同じであるが，(11-20) 面のそれは(0001) Si面，(000-1) C面と比較すると低い[9]。したがって，(11-20) 面の高チャネル移動度をパワーMSOFETに効果的に用いるには，(11-20) 面に垂直に電圧が印加されるプレーナー型のパワーMOSFETでなく，(11-20) 面に平行に電圧が印加されるトレンチ型のパワーMOSFETを開発するべきである（図

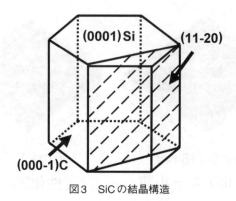

図3　SiCの結晶構造

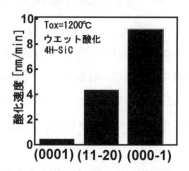

図4　酸化速度の面方位依存性

5)。(000-1)C面上のMOSFETのチャネル移動度も (11-20) 面と同様にパイロジェニック酸化法でゲート酸化膜を形成することにより向上できる（図7）。これは，パイロジェニック酸化法により界面準位密度が減少するからである（図6）。さらに，ゲート酸化温度を下げると界面準位密度の減少に伴って，チャネル移動度は向上し，さらに，水素アニールを行うことにより127cm^2/Vsが得られた（図6，7）[10]。(000-1)C面の絶縁破壊電界強度は，(0001)Si面と同等なので，プレーナー型のパワーMOSFETに適した面方位として期待されている。最近は，SiC基板の低コスト化のために，オフ角度が8°から4°になっている。(000-1)C面では，オフ角度が1°未満の微傾斜オフ角においても良好なエピタキシャル面が得られ低コスト化の面からも注目されている[11]。また，図8に示すように，1°未満の微傾斜オフ基板の (000-1)C面では，チャネル移動度は，8°オフ角の (000-1)C面と比較して10％程度高いので，特性も優れている[12]。(000-1)C面でも，ゲート酸化膜形成に対するN_2Oアニールの効果も研究されており，ゲート絶縁膜をCVD法で形成後に1300℃でN_2Oアニールすることにより，51cm^2/Vsが得られている[13]。最後にpチャネルMOSFETについて述べる。通常，パワーMOSFETはnチャネルMOSFETなので，SiC-MOSFETの分野では，pチャネルMOSFETの研究報告は少ない。しかし，6kV以上の高耐圧／大容量領域においては，IGBTのようなバイポーラデバイスが有利である。IGBT

第1章　SiC

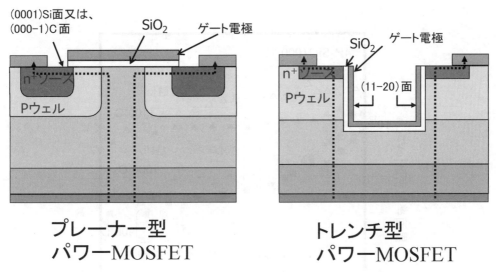

図5　プレーナー型とトレンチ型パワーMOSFETの模式断面図

は，nチャネルMOSを用いるために，ウエル層がP型で，ドリフト層がN型，ウエハーがP型の場合とpチャネルMOSを用いるためにウエル層がN型，ドリフト層がP型でウエハーがN型の2通りの組み合わせが考えられるが，Si-IGBTの場合には，nチャネルMOSFETのチャネル移動度が高いので，ウエハーはP型を用いる。SiCの場合も同様にnチャネルMOSFETのチャネル移動度の方が高いが，SiCのP型ウエハーの抵抗値がN型よりも約2桁も高いので，チャネル移動度の低いpチャネルMOSFETを使うことになってもN型ウエハーを用いることが多い。また，インバーターモジュールを250℃以上の高温で使用する場合には，インバーターの駆動部だけでなく，インバーターを制御する論理回路部も同一モジュール内に存在しなくてはならず，CMOSにより構成される論理回路も250℃以上で動作する必要があるので，SiC-CMOSの開発も重要となる。CMOS回路はnチャネルMOSFETとpチャネルMOSFETで構成される。したがって，pチャネルIGBT，あるいは，SiC-CMOSのためにpチャネルMOSFETの高移動度化の研究も行われている。図9にpチャネルMOSFETのチャネル移動度に対するゲート酸化膜の形成法の効果を示すが，ドライ酸化よりもパイロジェニック酸化を用いた方が電界効果移動度は高く，ピーク値で15.6cm^2/Vsが得られた[14]。Siと比較するとかなり低いが，10年前のnチャネルMOSFETの移動度よりも高く開発が加速している。

4.1.4　ゲート酸化膜の長期信頼性

SiCはSiと同様に熱酸化によりゲート酸化膜を成膜できるので，他の化合物半導体よりも容易にMOSFETを作製できる。しかし，実用化のためには，ゲート酸化膜の長期信頼性が保証されなくてはならない。SiCの場合は，SiCとSiO$_2$の伝導帯間のエネルギー障壁がSiの場合よりも小

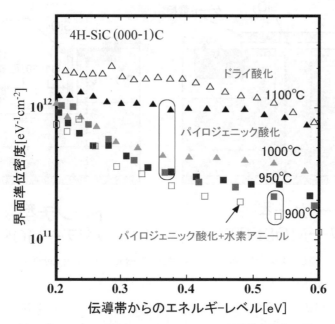

図6 (000-1)C面上のMOSキャパシタの界面準位密度に対するゲート酸化膜形成条件の効果

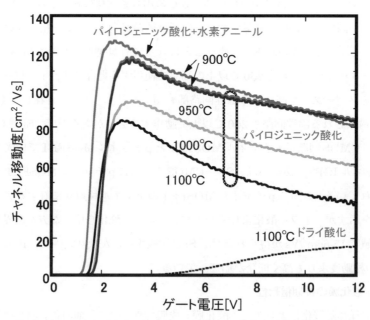

図7 (000-1)C面上のMOSFETのチャネル移動度(電界効果移動度)に対するゲート酸化膜形成条件の効果

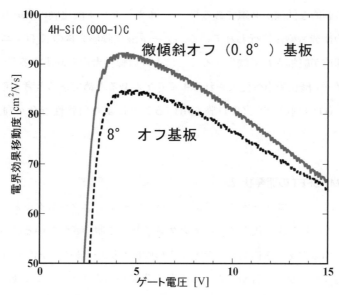

図8 チャネル移動度(電界効果移動度)のゲート電圧依存性に対するオフ角度の影響

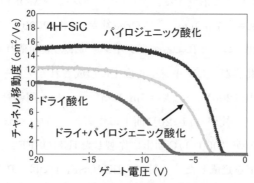

図9 pチャネルMOSFETのチャネル移動度(電界効果移動度)のゲート電圧依存性に対するゲート酸化膜形成法の効果

さいので,ホットキャリアがゲート酸化膜中に注入されやすく,実用化に必要なゲート酸化膜の長期信頼性寿命を保証できないのではないかと懸念された。しかし,100μmφの小さなチップにおいて,長期信頼性寿命を測定したところ3MV/cmにおいて,30年を超えることがわかり,長期信頼性寿命が保証できることがわかった[15]。しかし,ゲート面積が増加すると,急激に絶縁破壊電荷が小さくなり,信頼性寿命が短くなる[15,16]。これは,ゲート面積が増加すると,その中に含まれる様々な欠陥が増加するので,ゲート面積の増加と共に絶縁破壊電荷が減少する。特に,転位欠陥は,無転位ウエハーが可能なSiと比較して非常に多く,1万個/cm^{2}程度もあるので,信頼性寿命に大きな影響を及ぼすことが報告されている。ゲート酸化膜の信頼性寿命の向上のため

には，転位欠陥の劇的な低減が必須である[16, 17]。また，ゲート酸化膜の形成方法の工夫による信頼性寿命向上の研究も盛んに行われている。ゲート酸化膜形成後のN_2Oアニールや水素アニールにより界面準位が終端されて減少することにより信頼性寿命が向上する[16, 18]。これは，界面準位を介してゲート酸化膜中へ注入されるキャリアが減るためであると考えられる。この他にSiO/SiN/SiO膜（ONO膜）や，CVD膜を用いることにより信頼性寿命が向上する報告もある[16, 19]。

4.2 SiCパワーMOSFETの開発状況

SiC-MOSFETは，ノーマリーオフ型であり，バイポーラトランジスターと比較して，スイッチング速度が速いために，次世代のスイッチング素子として期待されている。当初は，SiC/SiO_2界面の準位密度がSiよりも約1桁高く，チャネル移動度が低いために，SiC-MOSFETのオン抵抗は理論的限界値よりはかなり高かった。しかし，先に述べたように，ここ数年でMOS界面形成技術が進歩し，チャネル移動度の向上と共に，オン抵抗は急激に下がっている。チャネルが形成されるPウエルをイオン注入で形成する，プレーナー型パワーMOSFET（DIMOS）で，ローム社が，耐圧900V，$R_{on}A = 3.1 m\Omega cm^2$ [20]，Cree社が，耐圧2000V，$R_{on}A = 10.3 m\Omega cm^2$ [21]を報告した。また，活性化アニールによるエピタキシャル層の表面荒れを防ぎ，高チャネル移動度を得るためにゲート酸化膜がエピタキシャル面上に形成されるプレーナー型パワーMOSFETでは，三菱電機社が，耐圧1200V，$R_{on}A = 5 m\Omega cm^2$ [22]，松下電器社が，耐圧1400V，$R_{on}A = 4.6 m\Omega cm^2$ [23]，デンソー社が（11-20）面上に作製したパワーMOSFETで1100V，$R_{on}A = 5.7 m\Omega cm^2$ [24]，産総研が（000-1)C面上に作製したIEMOSFETと呼ばれる構造で，耐圧660V，$R_{on}A = 1.8 m\Omega cm^2$ を達成した[25]。特に，IEMOSFETでは，Pウエルの下部は，イオン注入で形成されるが，上部はエピタキシャル成長で形成されるので，高耐圧と高チャネル移動度が維持できるのでプレーナー型でも低オン抵抗が得られる。さらに，JFET領域の抵抗が無くなるので，プレーナー型よりもさらにオン抵抗の低減が期待できるトレンチ型 MOSFET（UMOS）では，ローム社が，耐圧790V，$1.7 m\Omega cm^2$ [26]，パデュー大学から，1400V，$R_{on}A = 15.7 m\Omega cm^2$ が報告されている[27]。このようにSiCパワーMOSFETのオン抵抗値は急激に下がり，Si-IGBTのオン抵抗値を大きく下回るようになった。

Siで主流のIGBTの開発も進んでいる。これまでに，プレーナー型で耐圧7.5kV，微分オン抵抗$26 m\Omega cm^2$ が発表された[28]。さらに高耐圧の13kVでは，pチャネル型ではなく，nチャネル型IGBTにおいて，微分オン抵抗$22 m\Omega cm^2$ [29] が報告された。

図10にこれまでに報告されたスイッチング素子の耐圧とオン抵抗の関係を示す。最近では，$5 m\Omega cm^2$ を下回る結果が多く報告されるようになってきており，パワーMOSFETのオン抵抗も

第1章 SiC

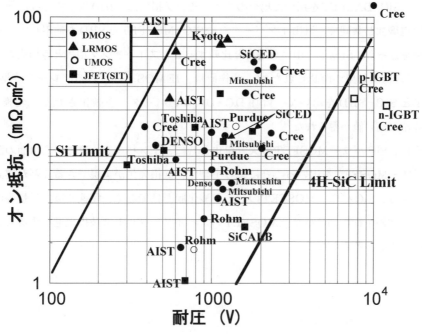

図10 これまでに報告された SiC パワー MOSFET の耐圧とオン抵抗の関係
（一部，JFET（SIT）も含まれる）

4H-SiC の限界値に近づいてきている。さらなる低オン抵抗化のためには，チャネル移動度の向上だけでなく，SiC 基板の抵抗値を下げるために，SiC 基板へ高濃度の不純物を導入する技術の開発や，SiC 素子用の微細化技術を開発する必要がある。

4.3 SiC パワー MOSFET の応用

電流容量が10A級の SBD は独 Infineon 社，米 Cree 社などから販売されており，逆回復損失が小さいので，スイッチング電源の PFC 回路に使用されている。高周波化と低損失化により，低ノイズ化や小型化がなされ，体積が大幅に小さくなるので，需要は拡大している。この他に，Si-IGBT とのハイブリッド構成での検討も広く行われており，低損失化，高周波化が可能との多くの報告がある。SiC-MOSFET は，ドイツの Fraunhofer 研究所が，太陽光発電用の3相インバーター回路に Cree 社の SiC-DMOSFET を適用した。変換効率の最大値で比較すると，Si-IGBT と比較して1.91％向上した[30]。三菱電機社は，SiC-MOSFET と SiC-SBD でコンバーターを試作した。Si 素子を用いて同様の回路を構成した場合と比較して全損失は，50％以下になると同時に大幅な小型化が可能と報告している[31]。松下電器産業社は，DACFET と呼ばれる SiC-MOSFET と SiC-SBD を用いて，DC-DC コンバーターを試作し，Si-IGBT を用いた場合

と比較した。SiC-DACFETを用いた場合のスイッチング損失は，1/10以下であった[32]。ローム社は，安川電機社と共同で，汎用インバーターにSiC-MOSFETとSBDを適用して，モーターの駆動実験を行った。Si素子を用いた場合と比較すると，スイッチング損失と導損失の合計の全損失の50％の低減効果が確認された[33]。産総研は，IEMOSと呼ばれるプレーナー型のSiC-MOSFETとSiC-SBDを用いて，降圧DC-DCコンバーターを動作させた。変換効率は，98.6％と非常に高い値が得られた[34]。

このように，SiCパワーMOSFETの大容量化と共に，インバーター等での応用面の評価が進み，SiCパワーMOSFETを用いることにより小型化，低損失化が実現できることが実証されつつある。今後は，SiCパワーMOSFETのゲート酸化膜だけでなく，配線や破壊耐量等のトータルの信頼性の評価を行いSiCパワーMOSFETのデバイス・プロセス技術が進歩することにより実用化が加速すると考えられる。

文　　献

1) J. Senzaki *et al.*, *Mater. Sci. Forum*, **389-393**, 795（2002）
2) M. Laube *et al. J. Appl. Phys.*, **92**, 549（2002）
3) M. Noborio et al., *Mater. Sci. Forum*, **527-529**, 1305（2006）
4) A. Kinoshita *et al.* to be published in Mater. Sci. Forum（proceedings of ECSCRM2008）
5) Tanimoto *et al.*, *Mater. Sci. Forum*, **389-393**, 879（2002）
6) S. Harada *et al.*, *Mater. Sci. Forum*, **600-603**, 675（2009）
7) T. Endo *et al.*, *Mater. Sci. Forum*, **600-603**, 691（2009）
8) M. K. Das *et al.*, *Mater. Sci. Forum*, **527-529**, 967（2006）
9) Y. Tanaka *et al.*, *Appl. Phys. Lett.*, **84**, 1776（2004）
10) K. Fukuda *et al.*, *Appl. Phys. Lett.*, **84**, 2088（2004）
11) K. Kojima *et al.*, *Cryst. Growth.*, **269**, 367（2004）
12) K. Fukuda *et al.*, *Mater. Sci. Forum*, **527-529**, 1043（2006）
13) T. Kimoto *et al.*, *Mater. Sci. Forum*, **527-529**, 987（2006）
14) M. Okamoto *et al.*, *Mater. Sci. Forum*, **527-529**, 1301（2006）
15) 福田ほか，SiC及び関連ワイドギャップ半導体研究会個別討論会（第2回）予稿集，p.75（2007）
16) 谷本ほか，SiC及び関連ワイドギャップ半導体研究会個別討論会（第2回）予稿集，p.53（2007）
17) J. Senzaki *et al.*, *Appl. Phys. Lett.*, **89**, 022909（2006）

18) J. Senzaki et al., *Mater. Sci. Forum*, **527-529**, 999 (2006)
19) K. Fujihira et al., *Mater. Sci. Forum*, **600-603**, 799 (2009)
20) http://www.rohm.com
21) S. H. Ryu et al., Proceedings. of. ISPSD2005, 275 (2005)
22) N. Miura et al., Proceedings of ISPSD2006, 261 (2006)
23) K. Yamashita et al., *Mater. Sci. Forum*, **600-603**, 1115 (2009)
24) E. Okuno et al., *Mater. Sci. Forum*, **600-603**, 1119 (2009)
25) S. Harada et al., Technical Digest of IEDM, 903, (2006)
26) Y. Nakano et al., Abstract of ECSCRM2008, We-P-59 (2008)
27) J. Tan et al., *IEEE Electron Devices Lett.*, **19**, 487 (1998)
28) Q. J. Zhang et al., Proceedings of ISPSD2007, 281 (2007)
29) M. K. Das et al., *Mater. Sci. Forum*, **600-603**, 1183 (2009)
30) B. Burger et al., *Mater. Sci. Forum*, **600-603**, 1231 (2009)
31) S. Kinouchi et al., *Mater. Sci. Forum*, **600-603**, 1223 (2009)
32) M. Kitabatake et al., *Mater. Sci. Forum*, **600-603**, 913 (2009)
33) 中村孝, シンポジウム「新しい半導体デバイス技術のサステナビリティ俯瞰とそのアプローチ」予稿集, p.25 (2007)
34) S. Harada et al., Proceedings of ISPSD2007, p.289 (2007)

5 Super-SBD

四戸 孝*

5.1 超接合構造と浮遊接合構造

半導体材料の特性で決まる特性オン抵抗と耐圧のトレードオフ限界（ユニポーラ限界）を打ち破るために，超接合構造[1,2]や浮遊接合構造[3~6]（図1）という，ドリフト層抵抗を材料限界以下に低減できる新しい構造が注目を集めている。前者の構造は，耐圧600V級Si-MOSFETに適用されて数社から商品化されており，スイッチング電源，ノートPCのACアダプタなどに広く使われるようになってきた。しかし，この構造は，ウェーハの縦方向にピラーと呼ばれるp型層とn型層を交互に形成し，それらの電荷量を厳密に一致させないと高耐圧を保持できないため，高度なプロセス技術を必要とする。それに対して後者の構造は，空乏化しない程度の濃度で開孔部分を持つp型埋込層を形成すればよいので，SiCに適用する場合にはより現実的な選択肢となる。また，前者の構造に比べて低い耐圧領域からドリフト層抵抗低減効果を発揮しやすいという特長があり，耐圧1～5kV程度のSiCユニポーラデバイスでオン抵抗低減の効果が見込まれる。以下では，4H-SiCユニポーラ限界を超える超低オン抵抗を実現するダイオードとして，Siでの試作でその有用性が確認された浮遊接合SBD（以下Super-SBDと記す）の数値計算[7~9,12,13]，プロセス開発[10,12]，デバイス試作[11~13]の結果について紹介する。

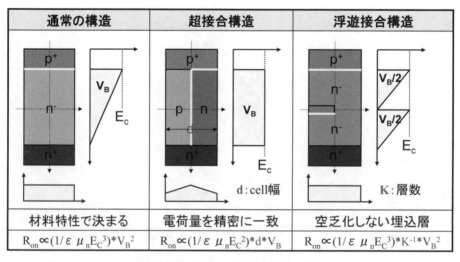

図1 超接合構造と浮遊接合構造の比較

---

* Takashi Shinohe ㈱東芝 研究開発センター 電子デバイスラボラトリー

第1章　SiC

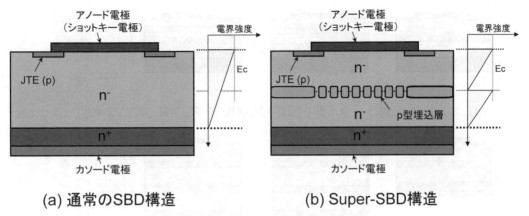

(a) 通常のSBD構造　　　(b) Super-SBD構造

図2　通常のSBDとSuper-SBDの断面図

5.2　Super-SBDの基本構造

　図2(a)に示した通常のSBD構造では，耐圧を保持するためにn⁻ドリフト層のキャリア濃度を下げなければならず，ドリフト層の抵抗が高くなってしまう。一方Super-SBD構造では，図2(b)に示すように，n⁻ドリフト層中にp型の埋込層が形成されているのが特徴である。このダイオードに逆バイアスが印加されると，空乏層は上部のショットキー電極から上側のドリフト層内に伸び，この層が空乏化されると，次にp型埋込層下部から下側のドリフト層内に空乏層が伸びていく。電界強度分布を比較すると，通常のSBD構造では1個の三角形状分布となっているのに対し，Super-SBD構造では2個の三角形状分布に分割されている。耐圧は三角形の面積の合計に対応するので両者の耐圧は同じとなるが，三角形の傾きに対応するn⁻ドリフト層のキャリア濃度はSuper-SBD構造の方が2倍となり，ドリフト層抵抗を低減できる。図3(a)のように，ドリフト層全体の厚さを一定に保ってドリフト層数をK個に分割すると，ドリフト層抵抗は1/Kに低減できる。分割数を増やすほど特性は向上するが，製造工程の増加によりコストアップとなるので，いかに最小の分割数で特性を向上させるのかが実用的な意味では重要である。一方，図3(b)のように，同じ厚さのドリフト層をK個積み重ねると耐圧はK倍となるが，通常のSBD構造よりもドリフト層抵抗の増加は抑制される。

5.3　4H-SiC Super-SBDの設計技術

　高耐圧を保持しながらドリフト層抵抗を効果的に低減するためには，エピタキシャル成長によって形成する各ドリフト層のキャリア濃度と厚み，p型埋込層の幅wと開孔寸法sを最適化する必要がある。これらの最適値を求めるために，4H-SiCの移動度とインパクトイオン化率の測定に基づいてデバイスシミュレータの高精度化を行い，特性オン抵抗と耐圧のトレードオフが最良

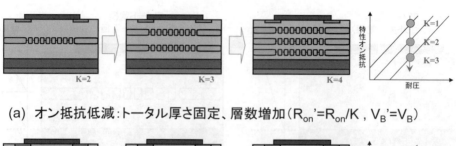

(a) オン抵抗低減：トータル厚さ固定、層数増加（$R_{on}' = R_{on}/K$, $V_B' = V_B$）

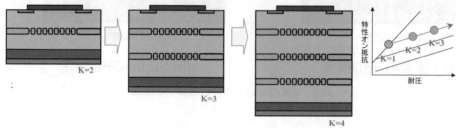

(b) 高耐圧化：エピユニットを積層（$R_{on}' = K \times R_{on}$, $V_B' = K \times V_B$）

図3　Super-SBDの設計方法

となるようにデバイスパラメータを最適化した。図4に耐圧と特性オン抵抗のwおよびs依存性を示す。どちらも開孔寸法sに強く影響を受けており，最適な寸法範囲があることがわかる。図5に示したように，耐圧と特性オン抵抗はトレードオフの関係にあり，図中の矢印の方向に設計指針をとればよいことがわかる[7]。埋込み層を1層とした場合のドリフト層の最適キャリア濃度の設計では，上側と下側のドリフト層の厚みがいずれも10μmの場合，耐圧3,000V付近を狙ってドリフト層濃度を$1 \times 10^{16} cm^{-3}$にすれば，4H-SiCのユニポーラ限界を超える性能が得られる（図6）[8]。また，ドリフト層を多層にした場合には，図7に示すような最適化点でダイオードの性能指数が最大となる[9]。

　Super-SBD構造の耐圧を高めるためには，電極領域のp型埋込層の設計だけでなく，終端領域のp型埋込層の設計が重要である。図8に検討した終端領域構造の断面図を示す。連続したp型埋込層を有するstructure(a)と，電極領域と同様の不連続なp型埋込層を有するstructure(b)の2種類の構造について，耐圧および降伏時の電界強度分布のシミュレーションを行った。図9に示すように，それぞれの構造において最高耐圧となるp型埋込層濃度が異なり，structure(a)は最高耐圧は高いが高濃度側で急峻に耐圧が低下する傾向があり，structure(b)は耐圧は低めではあるが濃度がずれても耐圧は比較的安定していることが分かった。降伏時における素子内部の電界強度分布を図10，図11に示す。Structure(a)では，最大耐圧となるp型埋込層濃度＝0.67で電極領域の電界強度が高くなっているのに対し，高濃度側（p型埋込層濃度＝1.0）にふれると終端領域のp型埋込層に大きな電界がかかって耐圧が低下していることが分かる。一方，

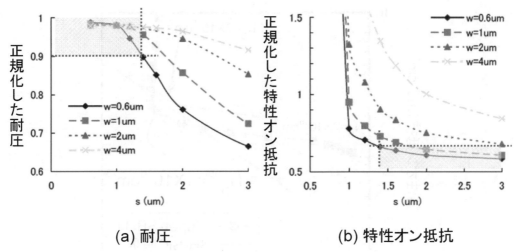

(a) 耐圧　　　　　　　　(b) 特性オン抵抗

図4　Super-SBDの数値計算結果（p型埋込層の寸法最適化）

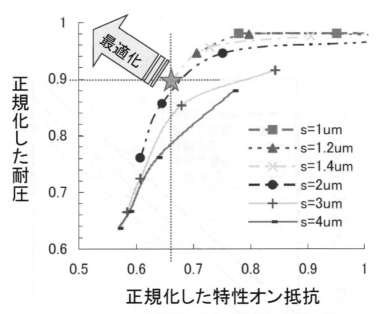

図5　Super-SBDの数値計算結果（p型埋込層の寸法最適化）

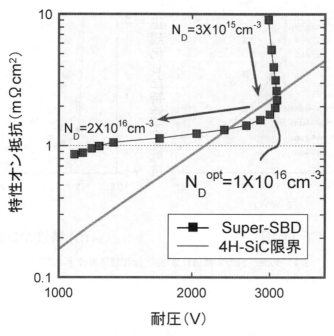

図6 Super-SBDの数値計算結果(ドリフト層濃度の最適化)

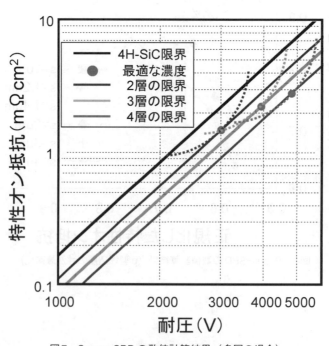

図7 Super-SBDの数値計算結果(多層の場合)

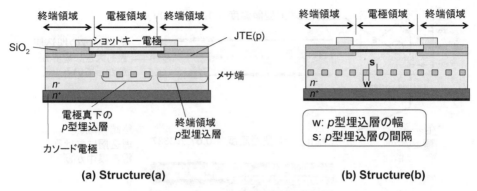

(a) Structure(a)　　　　　　(b) Structure(b)

図8　Super-SBDの終端領域の断面図

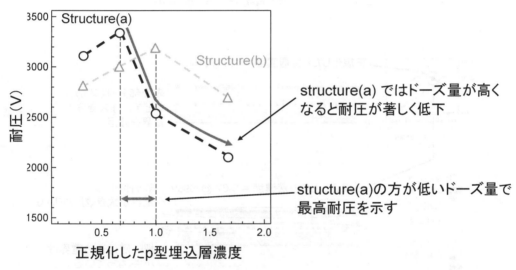

図9　終端領域構造の違いによる耐圧の変化

structure(b)では，表面付近とp型埋込層付近の電界強度のバランスはp型埋込層濃度により変化するが，電極領域と終端領域のバランスはよく保たれており，素子全体で電界を分担していることが分かる。

5.4　Super-SBDを実現するプロセス技術

　試作プロセスの観点から見ると，4H-SiCパワーデバイスの研究例として，これまでにもMOSFETやJFET（Junction Field Effect Transistor）のチャネル部分の下にp型埋込層を形成する報告はあったが，Super-SBD構造のようにp型埋込層上にn⁻ドリフト層を形成して高耐圧

パワーエレクトロニクスの新展開

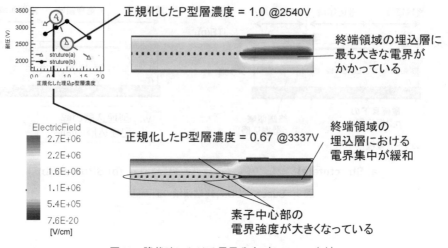

図10　降伏時における電界分布〈Structure(a)〉

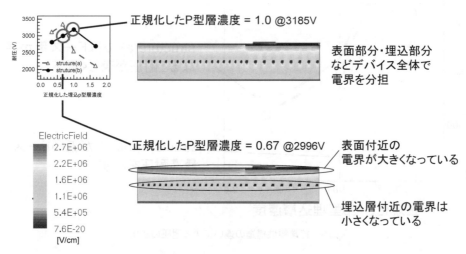

図11　降伏時における電界分布〈Structure(b)〉

を保持させた例はない。p型埋込層上の再エピタキシャル成長に伴うプロセス上の課題は，p型埋込層自身が再成長前に水素エッチングなどによって消失していないか，p型層形成のためにイオン注入したアルミニウム（Al）のオートドーピングは無視できるか，残留不純物濃度は十分に低いか，イオン注入層上へのエピタキシャル再成長層は耐圧保持できるのか，などの懸念があった。

　Alイオン注入のプロファイルとエピタキシャル再成長条件の検討を行って，界面へのオートドーピング防止，イオン注入プロファイルの維持を図った。図12，図13に示すように素子断面

第1章　SiC

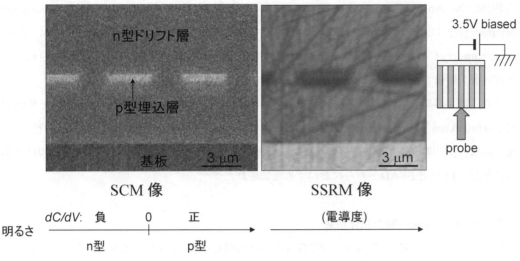

図12　p型埋込層の形成

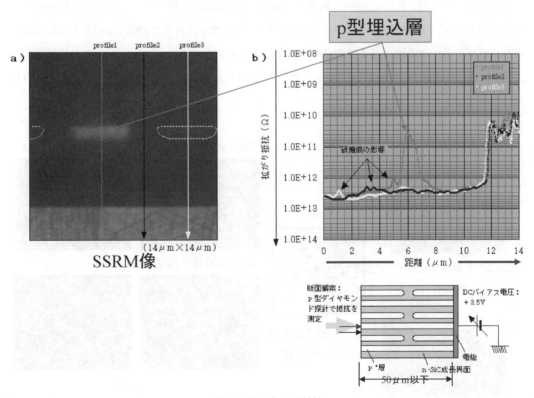

図13　開口部の連続性

のSCM（Scanning Capacitance Microscopy）とSSRM（Scanning Spreading Resistance Microscopy）による埋込層の伝導型，形状，及び寸法の評価と，SIMS（Secondary Ion Mass Spectrometry）の深さ方向評価によるキャリア濃度と残留不純物濃度評価を行って，目標とした埋込層が形成できていることを確認した[10,12]。

また，図14に示すように高分解能TEM（Transmission Electron Microscope）とSAED（Selected Area Electron Diffraction）によりエピタキシャル再成長層の結晶性評価を行った。その結果，p型埋込層上に成長したドリフト層の結晶品質はp型埋込層がない部分と同程度であることが，TEMとSEADどちらにおいても確認された[10,12]。

5.5 4H-SiC Super-SBD試作結果

図15に試作した4H-SiC Super-SBD構造の断面図を示す。p型埋込層を1層備えている構造で，終端構造はメサ型構造を採用した。図16，図17に示すように，順方向特性はp型埋込層の開孔寸法sへの依存性が高いことが分かる。耐圧と特性オン抵抗のトレードオフを考慮して寸法最適化を行った結果，耐圧2,700V，特性オン抵抗2.57mΩcm^{2}を得た[12]。この特性を他の報告例と共に図18に示す。電子の移動度を1,000cm^2/Vs，破壊電界強度を2.49MV/cm[14]とした場合の4H-SiCユニポーラ限界に迫る特性が得られていることがわかる。パワーデバイスの性能指数であるBFOM（Baliga's Figure Of Merit）値[15]で表現すると11,354MW/cm^{2}というSiC-SBDにおける最高値を達成した。

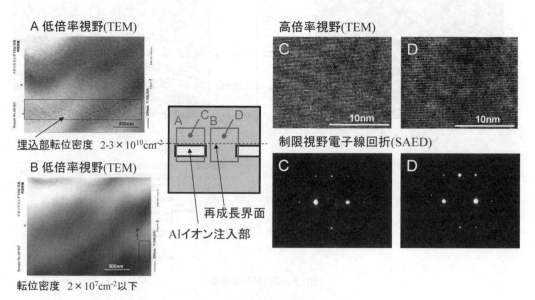

図14　再エピ成長層の結晶品質

第1章　SiC

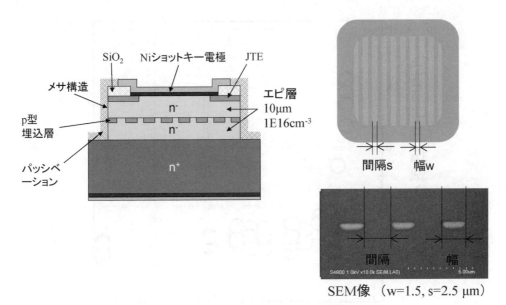

図15　試作したSuper-SBDの構造

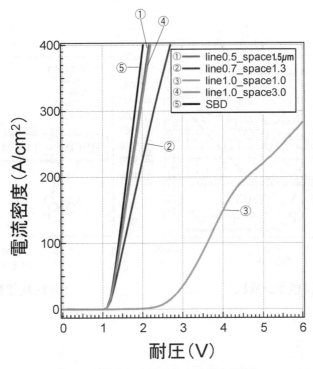

図16　試作したSuper-SBDの順方向特性

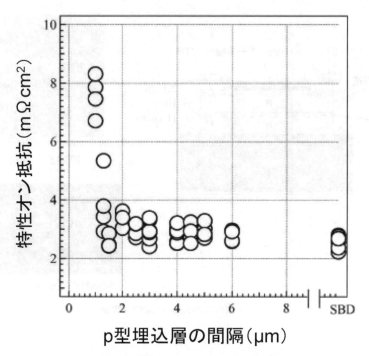

図17 試作したSuper-SBDの特性

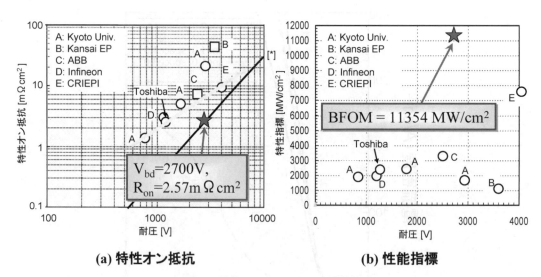

(a) 特性オン抵抗　　(b) 性能指標

図18 試作したSuper-SBDの特性

第1章　SiC

文　　献

1) Fujihira, T. "Theory of semiconductor superjunction devices", *Jpn. J. Appl. Phys.* **36**, pp. 6254-6262 (1997)
2) Lorenz, L., *et al.* "COOLMOS™-a new milestone in high voltage power MOS", Proceedings of the 11th International Symposium on Power Semiconductor Devices and ICs 1999. Toronto, Canada, 1999-05, IEEE, pp. 3-10 (1999)
3) 大村一郎ほか，半導体装置，特開平9-191109 (1997)
4) Cézac, N., *et al.* "A new generation of power unipolar devices : the concept of the floating islands MOS transistor (FLIMOST)", Proceedings of the 12th International Symposium on Power Semiconductor Devices and ICs 2000. Toulouse, France, 2000-05, IEEE, pp. 69-72 (2000)
5) Chen, X.B., *et al.* "A novel high-voltage sustaining structure with buried oppositely doped regions", IEEE Trans. Electron Devices. 47, pp.1280-1285 (2000)
6) Saitoh, W., *et al.* "Ultra low on-resistance SBD with p-buried floating layer", Proceedings of the 14th International Symposium on Power Semiconductor Devices and ICs 2002. Santa Fe, NM, 2002-06, IEEE. 2002, pp.33-36
7) Adachi, K., *et al.* "SiC device limitation breakthrough with novel floating junction structure on 4H-SiC", Materials Science Forum. 433-436, pp.887-890 (2003)
8) Hatakeyama, T., *et al.* "Process and device simulation of a SiC floating junction Schottky barrier diode (Super-SBD)". Materials Science Forum. 483-485, pp.921-924 (2005)
9) Hatakeyama, T., *et al.* "Optimization of a SiC Super-SBD based on scaling properties of power devices", Materials Science Forum. 527-529, pp.1179-1182 (2006)
10) Nishio, J., *et al.* "Epitaxial overgrowth of 4H-SiC for devices with p-buried floating junction structure", Materials Science Forum. 483-485, pp.147-150 (2005)
11) Ota, C., *et al.* "Fabrication of 4H-SiC floating junction Schottky barrier diodes (Super-SBDs) and their electrical properties", Materials Science Forum. 527-529, pp.1175-1178 (2006)
12) Nishio, J., *et al.* "Ultra low-loss SiC floating junction Schottky barrier diodes (Super-SBDs)", *IEEE Trans. on Electron Devices*, **55** (8), pp. 1954-1960 (2008)
13) Ota, C., *et al.* "Simulation, fabrication and characterization of 4H-SiC floating junction Schottky barrier diodes (Super-SBDs)", Materials Science Forum. 655-658, pp.655-658 (2009)
14) Konstantinov, A. O., *et al.* "Study of avalanche breakdown and impact ionization in 4H silicon carbide", *J. Electron. Mater.* **27** (4), pp.335-341 (1998)
15) Baliga, B. J. "Power semiconductor device figure of merit for high frequency applications", *IEEE Electron Device Lett.* **10** (10), pp.455-457 (1989)

6 SiC-MOSFETの信頼性および動作時のノイズ低減

藤平龍彦[*1], 岩室憲幸[*2]

6.1 はじめに

　世界のエネルギー消費量は増大の一途であり，地球環境は着実に悪化していると言われている。環境を守り，人類が持続可能な発展をとげるにはエネルギーの高効率利用が重要である。エネルギー高効率利用には電力制御における効率の改善が必須であり，よってパワーエレクトロニクスの役割は重要で，その中心であるパワー半導体デバイスの飛躍的な発展が望まれている。現在シリコン（Si）を用いたパワー半導体デバイスは，比較的大電力制御にはIGBT（Insulated Gate Bipolar Transistor）モジュールが，また比較的小電力の制御にはパワーMOSFET（Metal-Oxide-Semiconductor Field-Effect Transistor）が用いられている。しかしながら近年，これらデバイスは特性限界に近づきつつあると言われる中，SJ-MOSFET（Super Junction Metal-Oxide-Semiconductor Field-Effect Transistor）やFS-IGBT（Field Stop Insulated Gate Bipolar Transistor）などの技術開発により特性改善を行ってきており，今後も特性改善，特に高速化に伴う低損失化が強く求められていく。それに伴い，図1に示すようにターンオンならびにターンオフ動作時の電流，電圧dI/dt, dV/dtをより大きくする必要があり，その結果放射ノイズの増大やサージ電圧の増加など実使用上大きな問題になると予想される。

　パワー半導体デバイスの将来を考える上での重要な課題として，IGBTやMOSFETなどのシリコンデバイスからシリコンカーバイド（SiC）に代表されるワイドバンドギャップ化合物半導体にいつ移行するかというところにある。MOSFETはSJ-MOSFETの，またIGBTはトレンチFS型の誕生で特性限界に近づきつつあり，いよいよワイドバンドギャップパワー半導体の登場も現実味を帯びてきた。

6.2 なぜSiCが注目されているのか

　表1に示すように，SiCはSiに比べてバンドギャップが大きく，その結果絶縁破壊電界強度が約10倍大きく，しかも熱伝導率も高いなど，優れた物理的，電気的性質を有している。このため，図2に示すように，同じ素子耐圧のSiパワー半導体デバイスに比べて，耐圧を保持するドリフト層の厚さを薄くすることができ，なおかつ不純物濃度を高く設計することができるため，ユニポーラデバイスではそのオン抵抗を理論上約300分の1に低減することができる。またこのこ

[*1] Tatsuhiko Fujihira　富士電機デバイステクノロジー㈱　電子デバイス研究所　所長
[*2] Noriyuki Iwamuro　富士電機デバイステクノロジー㈱　電子デバイス研究所　WBG Gr マネージャー

第1章 SiC

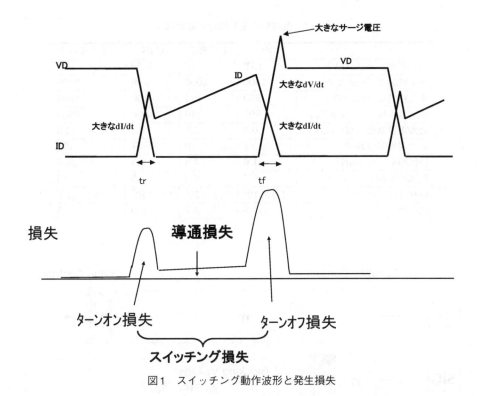

図1 スイッチング動作波形と発生損失

とは,同じドリフト層厚さにすると,Siデバイスの10倍以上の高耐圧化が実現できることとなる。これにより,例えば耐圧600V以上の領域で使われるIGBTを,より高速な特性を有するMOSFETで置き換えることが可能となり,その高周波化によって,例えば電源回路に使われているインダクタLやキャパシタCなどの受動部品を小さくすることに寄与できる。さらにSiでは到達し得ないような超高耐圧デバイスを可能とし,電力系統・送電などの大電力変換装置を構成する半導体デバイスの直列接続数を削減して装置の小型化に寄与できることが期待されている。

またSiCはいわゆるワイドバンドギャップ半導体なので高温動作が可能であることと,前述したように高い熱伝導度特性を有していることから,例えば電源の冷却装置を小型化することも可能である。このようなSiCパワーデバイスの高速・低損失・高耐圧,そして高放熱という特徴は,パワーエレクトロニクス機器の高効率化には非常に有効となる。しかしながら近年,高効率運転に加えて,電源高調波の低減,電磁ノイズの低減などによる周辺機器への誤動作防止を実現することが強く求められており,パワー半導体デバイスにおいても低損失化のみならず低ノイズ化への要求はますます高まっている。

表1 各材料の主要物理定数比較

	Si	4H-SiC	GaN	ダイヤモンド
バンドギャップ (eV)	1.12	3.26	3.39	5.47
電子移動度 (cm^2/Vs)	1500	1000	900	2200
正孔移動度 (cm^2/Vs)	500	120	150	1600
チャネル移動度 (cm^2/Vs)	500	140	1500	3800
最大電界強度 (MV/cm)	0.3	3.0	3.3	10.0
最大電界強度 Si比	1	10	11	33
熱伝導率 (W/cmK)	1.5	4.9	2.0	20.0
熱伝導率 Si比	1	3.3	1.3	13
飽和速度 (cm/s)	1.0×10^7	2.2×10^7	2.7×10^7	2.7×10^7
誘電率	11.8	9.7	9.0	5.5

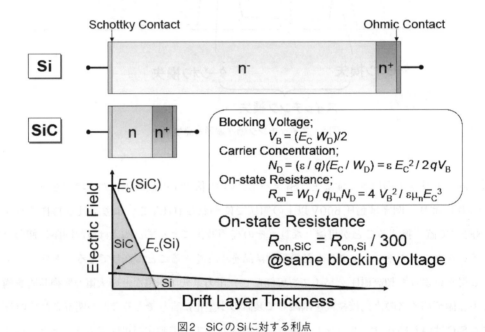

図2 SiCのSiに対する利点

6.3 SiC-MOSFETデバイスならびにモジュールの課題

　SiC-MOSFETはユニポーラ型素子であるため，高耐圧素子においても低オン抵抗でしかもスイッチング速度が速くできるということが大きな特徴となる。そのためLateral Resurf型から縦型DMOS構造[1, 2]など各種SiC-MOSFET構造の試作が報告されている。特に最近ではパワーデバイスとして電流導通能力の大きい縦型素子の発表が目立ってきている。さらに，より一層の低オン抵抗化を目指したトレンチゲート構造の開発によって100アンペア以上の大電流導通能力を有する900V MOSFETの試作結果も報告されるに至っている[3]。しかしながらSiC-MOSFET

第1章 SiC

のオン抵抗は，理論的限界値に比べ未だかなり大きく，十分にSiCの性能を発揮するには至っていない。その原因のひとつとして，SiC/SiO_2界面準位密度がSiよりも高く，チャネル移動度が低いことが挙げられる。4H-SiCの理論的限界値までオン抵抗を下げるには，耐圧にも依存するが100cm^2/Vs以上のチャネル移動度が必要であると言われている。

高品質SiC/SiO_2界面改善と併せて，大きな課題のひとつとしてSiC上に形成されたゲート酸化膜の信頼性向上がある。MOSFETのスイッチングのたびに比較的大きな電界強度がゲート酸化膜に繰り返し印加されるため，その長期信頼性はMOSFETにとって極めて重要な特性となる。SiC上にゲート酸化膜を形成するには，Siプロセスと同様，熱酸化法が適用することができる。ただし，SiCはSiに比べて高温での酸化が必要であること，Si基板に比べSiC基板は結晶欠陥が多いこと，さらには酸化プロセス中に炭素の脱離が生じることで酸化膜中に炭素が残留するなど，問題点が多いことが指摘されている。さらにSiCとSiO_2の伝導帯間のエネルギー障壁がSiの場合よりも小さくキャリアが酸化膜中に注入されやすい，など酸化膜の信頼性を向上させる上で解決すべき課題は多い。その解決策として，例えば，ONO膜を適用すればFN（Fowler-Nordheim）電流が低減できるため，高温での信頼性が向上するとの報告もある。しかしながらこのONO膜は，酸化膜と窒化膜の界面にキャリアがトラップされやすく，ホットキャリア劣化を引き起こすことが指摘されている。

長期信頼性については，経時絶縁破壊試験（TDDB）が行われ絶縁破壊電荷Q_{bd}が測定され，例えばエピタキシャル基板を用いて定電流ストレス下で，$Q_{bd}=0.26C/cm^2$（面積：200$\mu m\phi$）を得たとの報告[4]や，エピタキシャル基板中の金属不純物を減らすことにより，Q_{bd}が定電圧ストレス下で，$Q_{bd}=0.16C/cm^2$に低減できるなどの報告がある[5]。さらに，100$\mu m\phi$のチップにおいて，TDDB寿命を測定したところ3MV/cmにおいて，30年を超え実用化に十分な寿命を得た[6]など，信頼性向上に関して着実に進歩している。しかしながら，チップ面積の増加と共に急激に寿命が低下し，図3に示すように，SiC基板の転位欠陥，特に基底面転位がQ_{bd}に大きく影響することが判明し，SiC基板は，マイクロパイプだけでなく，転位欠陥の低減も重要であることがわかってきた。

またゲート酸化膜以外にも，例えば周辺耐圧構造上に形成される酸化膜の信頼性についても十分議論されているとは言えない。表1に示したように，SiCの最大電界強度はSiの約10倍大きく，そのことがSiCはパワーデバイスとして有望な材料であることは先に説明したが，その反面，SiCが極めて高い電界でも十分耐えうることから，その分酸化膜にも大きな電界が加わることが容易に推測できる。つまり，Siデバイスの場合，酸化膜に大きな電界が加わる前に半導体であるSiが先に破壊してしまうため酸化膜には大きな負荷がかからなかったが，大きな電界強度を保持できるSiCの場合は，かえって酸化膜に大きなダメージを与える可能性があり，今後更なる検討

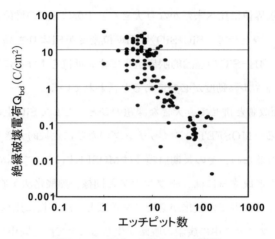

図3　エッチピット数と Q_{bd} の関係

が必要である。

現在，一般的なインバータ回路に使用されるIGBTモジュールは，図4に示すようにIGBTとFWD（Si-PiNダイオード）を並列接続させた構成となっている。これが例えばSiC-MOSFETモジュールになると，IGBTがSiC-MOSFETに，FWDがSiC-SBD（ショットキーバリアダイオード）に置き換わり，より低オン抵抗で高速スイッチング特性が実現できることが期待されている。最近では3.7kWモータ駆動のために，上記構成の1200V SiC-MOSFETとSiC-SBDを試作し，これらをモジュールに組み立てて実際に動作させたという報告がなされた[7]。現在主流のIGBTモジュールは，搭載されるIGBT，FWDの格段の進歩によりその損失特性は大きく改善されている。しかしながらその低損失化に伴うスイッチング時の大きな電流，電圧 dI/dt，dV/dt により，その放射ノイズの増大が実使用上大きな問題になりつつある。そのような中，IGBTモジュールのFWDをSiC-SBDに置き換えることで，逆回復時のリカバリー特性を改善し，IGBTターンオン時のリカバリー電流を低減し，dI/dt，dV/dt を抑えようとする試みも盛んに行われている。図5はSiC-SBDを搭載したIGBTモジュールのターンオン波形である。SiC-SBDはユニポーラデバイスであるため逆回復時に少数キャリアの掃き出しが無く，その結果リカバリー電流が小さくできる。このことはSiC-MOSFETモジュールにSiC-SBDを搭載した場合も同様で図5に示した波形と同じくリカバリー電流が大幅に低減され，dI/dt，dV/dt 特性は大きく改善されることが期待される。

図6はIGBTモジュールターンオフ時の波形である。ターンオン特性と異なり，IGBTターンオフ特性はFWDの特性に関係なくIGBT素子そのものの特性で決まることが知られている。つまりIGBTの特性のみでスイッチング時の dI/dt，dV/dt の値が決まるのである。このIGBTが

第1章　SiC

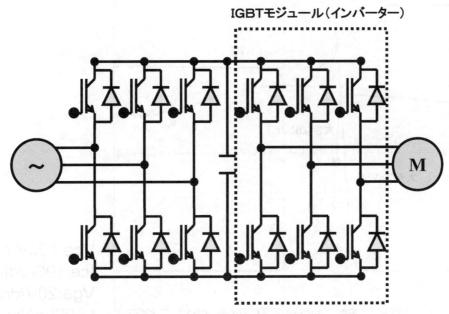

図4　一般的なインバーター回路構成

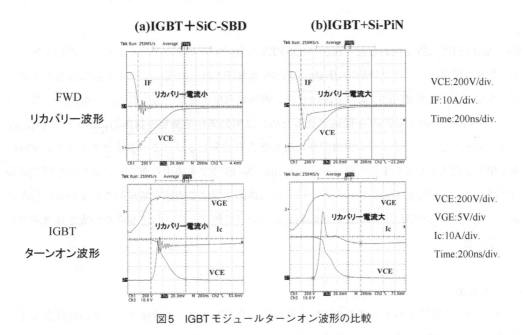

図5　IGBTモジュールターンオン波形の比較

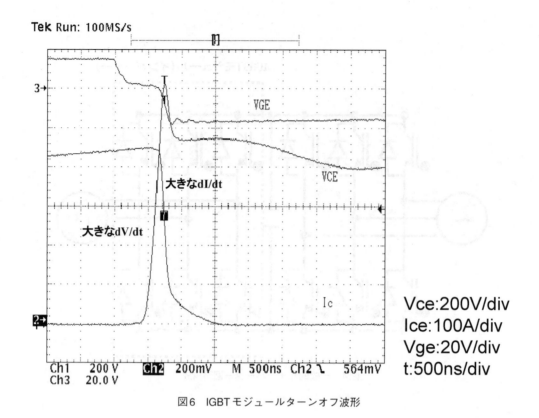

図6 IGBTモジュールターンオフ波形

SiC-MOSFETに置き換わると，SiC-MOSFETはIGBTのような少数キャリアの蓄積が無いため，図6に示すターンオフ波形のdI/dt，dV/dtはIGBT以上の極めて大きな値になると予想され，かつこの大きなdI/dtによって高いサージ電圧が発生する懸念も生じる。一般的に，このターンオフ時のdI/dtやdV/dtを低減させるためには駆動条件を調整，具体的にはゲート抵抗Rgの値を大きくして，スイッチング波形をなまらせる方法をとるが，この手法はスイッチング時の発生損失を増大させてしまうため，せっかくSiC-MOSFETを適用したことによる発生損失低減分を犠牲にする可能性が大きい。現在では，この問題に対する明確な解が得られていない状況であり，今後SiC-MOSFETモジュールの製品化に向けて解決しなければならない大きな課題のひとつである。

6.4 まとめ

SiCパワー半導体デバイスはその材料上の特徴から，Siパワー半導体デバイスの特性を大きく凌駕することが期待されている。現在ではSiC-SBDが一部製品化されているが，スイッチングデバイスであるMOSFETは，ゲート酸化膜や周辺耐圧構造の長期信頼性をはじめ解決すべき課

第1章 SiC

題が未だ多く残っており，製品化には至っていない．これら半導体デバイスに関連する課題については精力的にその解決に取り組まれているが，その一方でSiC-MOSFET実使用上の課題であるスイッチング時の大きなdI/dt, dV/dt特性に伴う発生ノイズやサージ電圧低減については，まだ十分に検討がなされているとは言いがたい．今後は，半導体デバイスそのものの特性改善だけではなく，パワーエレクトロニクス機器に搭載された場合の素子動作上の問題解決に注力することが，より一層必要になるであろう．

文　献

1) T. Kimoto *et al.*, "1200V-Class 4H-SiC RESURF MOSFETs with Low On-Resistances", Proceedings of ISPSD' 05, p.279（2005）
2) S. Harada *et al.*, "1.8mΩcm^2-10A Power MOSFETs in 4H-SiC", *IEEE IEDM Tech.*, Dig., 35-1,（2006）
3) ローム㈱ホームページ　http://www.rohm.co.jp/
4) 谷本ほか，"パワーMOSFETプロセスを経たSiCゲート熱酸化膜のTDDB耐性"第49回応用物理学関係連合講演会予稿集No.1, p.435（2002）
5) J. Senzaki *et al.*, "Effects of n-type 4H-SiC epitaxial wafer quality on reliability of thermal oxides", *Appl. Phys. Lett*, **85**, 6182（2004）
6) J. Senzaki *et al.*, "Effects of Dislocations on Reliability of Thermal Oxides Grown on n-type 4H-SiC Wafer", *Mater. Sci. Forum*, **483-485**, 661（2005）
7) N. Miura *et al.*, "Successful development of 1.2kV 4H-SiC MOSFETs with very low on-resistance of 5mΩcm^2", Proceedings of ISPSD' 06. p.297（2006）

7 高性能4H-SiC SBD, MOSFETの開発と高温動作SiC IPM

中野佑紀[*1], 三浦峰生[*2], 川本典明[*3]
大塚拓一[*4], 奥村啓樹[*5], 中村 孝[*6]

7.1 4H-SiC SBD

4H-SiC SBD (シリコンカーバイド—ショットキーバリアダイオード) の性能は, ほぼ4H-SiCの理論限界に達しており, 同耐圧クラスのSi高速ダイオードよりも低オン抵抗化を達成している。今後はチップの大面積化による大容量化が求められると考えられる。ここでは, 大面積4H-SiC SBDついて述べる。

7.1.1 300A大面積4H-SiC SBD

SiC基板の結晶品質は, 年々改善され, 螺旋転位, 刃状転位などの結晶欠陥の数は減少してきている。またエピタキシャル成長技術による転位数の低減も図られている。これらの欠陥はデバイス特性への影響は小さいと考えられるため, 小面積デバイスは作製可能である。しかしながら, 致命的な影響 (逆方向リーク電流の増大) を与える結晶欠陥 (マイクロパイプ, エピ層表面欠陥等) は, 現在の最も高品質な基板でさえ数個~数十個cm^{-2}の密度で存在する。そのため, $1cm^2$のデバイス作製は理論的には不可能である。これを打開するため, これらの致命的な欠陥を不活性にする手法の開発に取り組んだ。

使用した基板は4°オフN型4H-SiC (0001) であり, N型エピタキシャル層の厚さと濃度はそれぞれ, $6\mu m$, $7\times10^{15}cm^{-3}$である。4H-SiC SBDの作製プロセスの前に, まずアクティブ領域を小領域に分け, 逆方向リーク電流を引き起こす致命的欠陥が含まれる領域を特定した。その後, その領域を不活性にすることで, 致命的欠陥を含むデバイスにおいても逆方向リーク電流の抑制に成功した。図1, 図2に, この手法を用いて作製した$1cm^2$大面積4H-SiC SBDの順方向特性と逆方向特性をそれぞれ示す。バリアハイトは約1.25eVで, 順方向電流は, $V_f=1.5V$で300Aを実現している。同耐圧, 同面積のSi高速ダイオードの3倍の電流量が得られた。逆方向

[*1] Yuki Nakano　ローム㈱　研究開発本部　新材料デバイス研究開発センター　研究員
[*2] Mineo Miura　ローム㈱　研究開発本部　新材料デバイス研究開発センター　研究員
[*3] Noriaki Kawamoto　ローム㈱　研究開発本部　新材料デバイス研究開発センター　研究員
[*4] Takukazu Otsuka　ローム㈱　研究開発本部　新材料デバイス研究開発センター　准研究員
[*5] Keiji Okumura　ローム㈱　研究開発本部　新材料デバイス研究開発センター
[*6] Takashi Nakamura　ローム㈱　研究開発本部　新材料デバイス研究開発センター
　　　　センター長 (次席研究員)

第1章 SiC

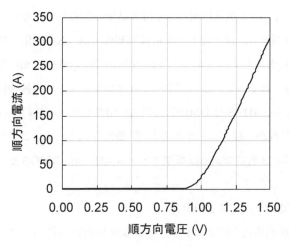

図1 300A 4H-SiC SBDの順方向特性

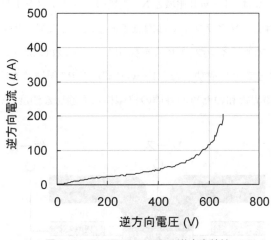

図2 300A 4H-SiC SBDの逆方向特性

リーク特性は，600Vで約100μAであった。この手法は，SiC-PNダイオード，DMOSなどのデバイスにも適用可能であり，大面積デバイスの歩留りを大幅に改善できると考えている。

7.2 SiC MOSFET

SiCパワーMOSFET（メタル―酸化膜―半導体電界効果トランジスタ）は，高耐電圧，低オン抵抗，高速スイッチングを実現できるため，次世代パワーエレクトロニクスのキーデバイスとして期待されている。また，SiCデバイスは，禁制帯が広いため，300℃以上の高温動作も可能である。しかしながら，4H-SiCは，MOS界面に多数の界面準位が存在するため，反転型チャネル移動度が極端に低く，チャネル抵抗の低減が困難であった。そのため，4H-SiC DMOSの

初期の報告のほとんどは，オン抵抗に関して十分な結果が得られていなかった[1]。

近年，多くの研究機関から，様々なゲート絶縁膜形成方法（NO酸化，N_2O酸化[2〜5]，パイロジェニック再酸化，H_2ポストアニール[6]，（11-20）面や（000-1）面の採用[7,8]）により高いチャネル移動度が報告されている。また，オーミックコンタクト，不純物拡散アニールなどのプロセス技術の進歩により，4H-SiC DMOSの特性は10年前に比べ格段に改善されており，オン抵抗$10mΩcm^2$以下の特性が，数グループから[9〜12]報告されている。ここでは，量産工程を考慮した，シンプルなデバイス構造である反転型チャネル4H-SiC DMOSとそのゲート酸化膜の信頼性について述べる。

7.2.1　4H-SiC DMOS　デバイスプロセス

4H-SiC DMOSの断面構造を図3に示す。基板はN型4H-SiC（0001）基板を用いた。ドリフト層の厚さは，9μmであり，1200V耐圧の設計である。正方形のユニットセルを，10μmピッチで配置した。チャネル長は，P-well領域とN$^+$領域のアラインメント精度できまるため，十分なチャネル長の均一性は，リソグラフィでは困難であった。そこで，サブミクロンのチャネル長を制御するため，セルフアラインプロセスを採用した。これにより，チャネル長を$0.75±0.02μm$の範囲で制御することに成功した。P-well領域とP$^+$領域はAl，N$^+$領域はPを室温イオン注入で形成した。電界緩和のための外周の終端構造も適切な濃度のAlイオン注入で形成し

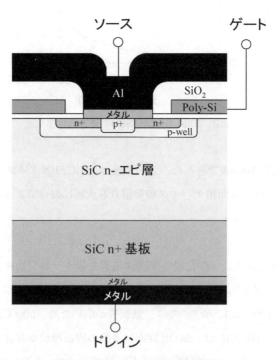

図3　4H-SiC DMOSの断面構造

第1章　SiC

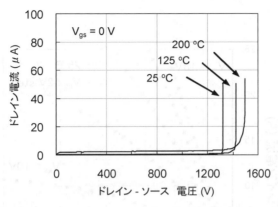

図4　4H-SiC DMOSのオフリーク特性の温度依存性

た。不純物の活性化アニールは，Ar雰囲気中1750℃で行った。ゲート酸化膜は高チャネル移動度を得るため，酸化膜に窒化処理を行った。450Åの酸化膜上にゲート電極として高不純物濃度ポリシリコンを堆積した。層間膜のSiO_2を堆積後，ゲート酸化膜の信頼性と裏面メタル剥れの問題を軽減するため，従来よりも低温でコンタクトメタルアニールを行い，ソースのN^+領域とP^+領域，裏面のドレイン電極をTiで形成した。最後にソースメタルとしてAlを堆積し，パッシベーションとしてポリイミドを用いた。

7.2.2　4H-SiC DMOS　電気的特性

TO-220パッケージ状態で電気的特性を測定した。図4は典型的なオフ特性である。デバイスはノーマリーオフであり，ゲート電圧$V_{gs}=0V$において破壊電圧は約1300Vであった。温度上昇とともに破壊電圧が上昇することから，アバランシェ破壊であることがわかる。閾値電圧を適切な値に設計することで，リーク電圧は200℃においても，1μA以下と非常に低い値が得られた。

図5は，典型的なオン特性である。ゲート電圧$V_{gs}=18V$において，ドレイン電流I_dは20A以上の電流が得られた。ゲート電圧$V_{gs}=18V$（4MV/cm），ドレイン電圧$V_{ds}=1V$の場合，オン抵抗は，室温で，7.5mΩcm^2，175℃で10.8mΩcm^2に上昇した。

7.2.3　ゲート酸化膜の信頼性

図6は，チップサイズの異なる4H-SiC DMOSの定電流TDDB測定結果である。MOSFETはセル部のゲート電極がソースN^+領域の酸化膜上にオーバーラップする構造になっている。N^+やP^+領域の酸化膜のQ_{BD}は，一般的にイオン注入によるダメージや高濃度不純物の影響により低下すると考えられる。ストレス電流を電流密度13.6mA/cm^2でゲート電極からソース電極に注入した。アクティブ領域の面積はゲート電極の面積と定義した。チップ面積，0.6mm×0.6mmの場合Q_{BD}は19C/cm^2，1.2mm×1.2mmでは16C/cm^2，2.4mm×2.4mmでは15C/cm^2であっ

パワーエレクトロニクスの新展開

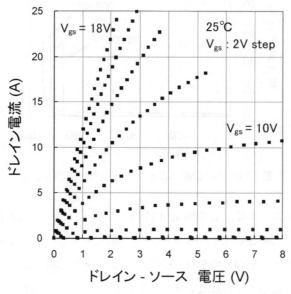

図5　2.4mm×4.8mmチップ20A，1.2kV 4H-SiC DMOSのオン特性

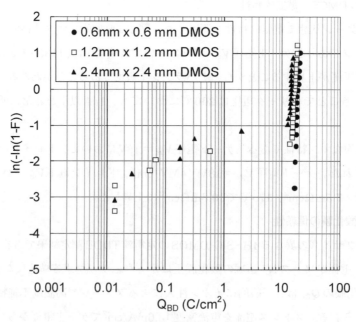

図6　4H-SiC DMOSのゲート-ソース間TDDB特性

た。N^+，P^+領域上のQ_{BD}が低いと考えられる酸化膜があるにもかかわらず，デバイス状態において高いQ_{BD}値が得られた。これは，N^+，P^+領域上の酸化レートが，高不純物濃度であることやイオン注入ダメージにより速くなるため，N^+，P^+領域の酸化膜厚がチャネル部よりも厚くなり，ストレス電流がN^+やP^+領域にほとんど流れないためと考えられる。

7.3 4H-SiCトレンチMOSFET

近年，高耐圧で比較的オン抵抗の低い，様々なSiCプレーナー構造MOSFETが報告されている。しかしながら，プレーナー構造の場合，寄生JFET抵抗の低減が困難であること，チャネル抵抗が高いことから，期待されるオン抵抗は得られていない。一方，トレンチ構造では，JFET領域が存在しないため，低オン抵抗化が期待できる。ここでは，ドレイン電流の面方位依存性とトレンチMOSFETの電気的特性について述べる。

7.3.1 4H-SiCトレンチMOSFET デバイスプロセス

図7に4H-SiCトレンチMOSFETのセル部デバイス断面図を示す。正方形のユニットセルを，$6\mu m$ピッチで配置した。基板は4°オフN型4H-SiC（0001）であり，N型エピタキシャル層の厚さと濃度はそれぞれ，$10\mu m$，$6\times10^{15}cm^{-3}$である。N^+ソース領域，P^+領域，P-well領域はPとAlのイオン注入により形成し，約1600℃でアニールした。約$1\mu m$の深さのトレンチを，

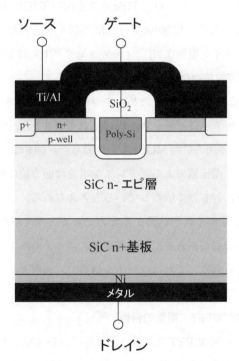

図7　SiC-トレンチMOSの断面構造

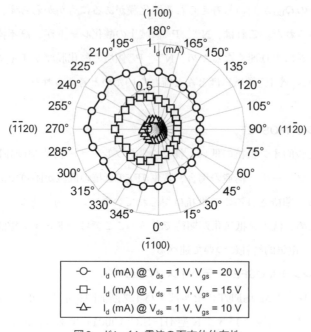

図8　ドレイン電流の面方位依存性

SiO₂ をエッチングマスクとして，SF₆，O₂，HBr ガスを用いて ICP-RIE で形成した。ゲート酸化膜形成前に犠牲酸化を行った後，約500Å ゲート酸化膜を形成した。ゲート電極は高不純物濃度ポリシリコンであり，ドレイン電極に Ni，ソースコンタクトには Ti/Al を用いた。

7.3.2　ドレイン電流の面方位依存性

ドレイン電流の面方位依存性を調べるため，1つの面方位のみをチャネルとするトレンチ MOSFET を作製した。チャネル長とチャネル幅はそれぞれ 0.4μm と 160μm である。(1-100) 面から15°おきに24の異なる面方位の MOFET を作製した。図8は，$V_{ds}=1V$，$V_{ds}=10$，15，20V での各面方位のドレイン電流値である。ドレイン電流は面方位に対し連続的に変化していると考えられ，さらに面方位に対し強く依存していると考えられる。これは，基板のオフ角とトレンチ側面の傾斜により面方位がそれぞれ異なるためであると考えられる[13, 14]。デバイスでは，最も効果的な面方位を用いる必要があるが，正方形のユニットセルで考えた場合，面方位による差異は比較的小さいと考えられる。これは，ライン構造，六角形セルで計算しても同様の結果となった。

7.3.3　4H-SiC トレンチ MOSFET　電気的特性

作製した 4H-SiC トレンチ MOSFET のユニットセルは，(1-100)，(11-20)，(-1100)，(-1-120) の面方位を用いた。図9はそれぞれ，チップサイズ 3mm×3mm のノーマリーオフ型トレンチ

第1章　SiC

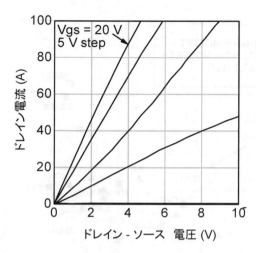

図9　3mm×3mmチップ　2.9mΩcm^2/900V　100A駆動　4H-SiC トレンチMOSFET

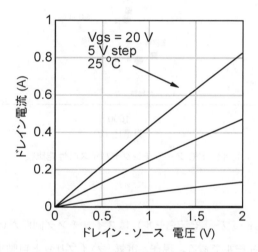

図10　0.5mm×0.5mmチップ　1.7mΩcm^2/790V　4H-SiC トレンチMOSFET

MOSFETのオン特性とオフ特性である。アクティブ領域の面積は0.07cm^{2}である。閾値電圧はI_d＝1mA，V_{ds}＝10Vで約3Vであった。V_{ds}＝1V，V_{gs}＝20Vのときオン抵抗は2.9mΩcm^{2}で，絶縁破壊耐圧は900Vであった。V_{ds}＝5Vでは100Aを超える電流値が得られた。チップサイズ0.5mm×0.5mmのデバイスでは，SiC MOSFETの中では最も低いオン抵抗1.7mΩcm^2，破壊耐圧790Vが得られた（図10，図11）。I_d＝1mA，V_{ds}＝10V，のとき，デバイスの閾値電圧は約4Vであった。

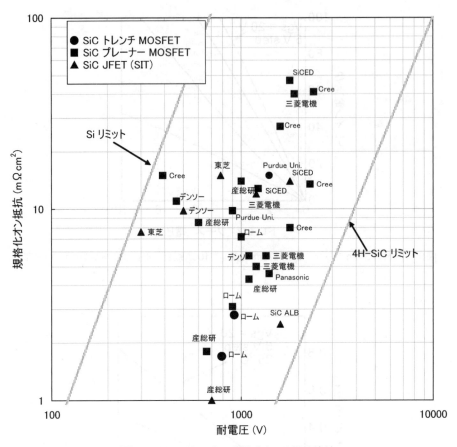

図11 SiC スイッチングデバイスの性能比較

7.4 SiC IPM

IPM（インテリジェントパワー モジュール）はスイッチング回路だけではなく保護回路と診断回路を含むパワーモジュールである。現在，電気，ハイブリッド自動車や産業用ロボットなどに使用されている。電力変換デバイスとして現在主流であるSiデバイスでは，出力が高くなるにつれて電力損失の増大と，冷却システムの大型化が必要である。一方，SiCは，禁制帯幅がSiの約3倍あるため，SiC IPMは理論的には300℃を超える高温動作が可能であり，冷却システムの小型化が期待できる。ここでは，高温（250℃）動作SiC IPMについて述べる。

7.4.1 高温動作SiC IPM

IPMを高温動作させるための課題の一つとして，チップと基板の接合部の高温時ダイシェア強度の向上が挙げられる。図12にSiとSiCの動作可能温度範囲と，従来はんだの融点を示す。Siデバイスは，150℃以下であればよいため，鉛フリーのSn-Agはんだで動作温度範囲がカバーできる。一方，SiCデバイスの高温駆動の利点をいかすためには，より高温においても剥れの

第1章　SiC

生じない接合技術が必要になる。

　そこで，400℃に耐えうる新接合技術を開発した。図13は，室温と300℃での従来Pb-Snはんだのダイシェア強度と，300℃と400℃での開発した高融点接合のダイシェア強度である。従来Pb-Snはんだの場合，融点が306℃であるため，ダイシェア強度は300℃で大幅に減少することがわかる。新高融点接合では，400℃においてもほとんど変化が無いことがわかる。開発した接合の熱伝導性と電気伝導性は，従来の鉛フリーはんだ（Sn-3Ag-0.5Cu）の約7倍である。この手法を用いることで，SiC IPMの高温動作が可能になる。図14は，この接合手法を用いた

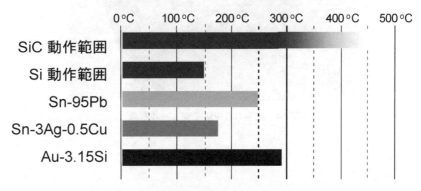

図12　SiとSiCの動作可能温度範囲と従来はんだの融点

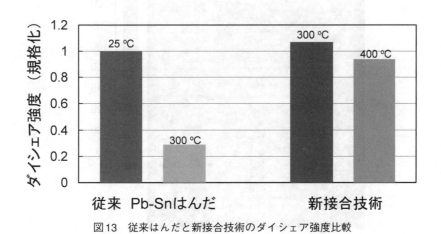

図13　従来はんだと新接合技術のダイシェア強度比較

パワーエレクトロニクスの新展開

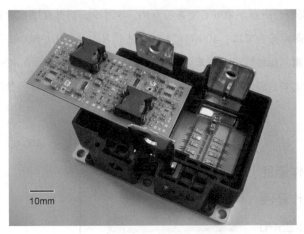

図14 高温SiC IPMモジュール写真

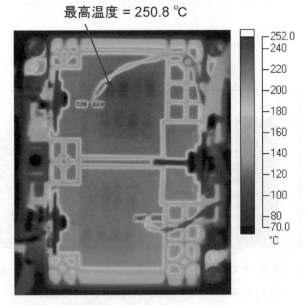

図15 SiC IPM高温動作時の熱分布イメージ（口絵カラー参照）

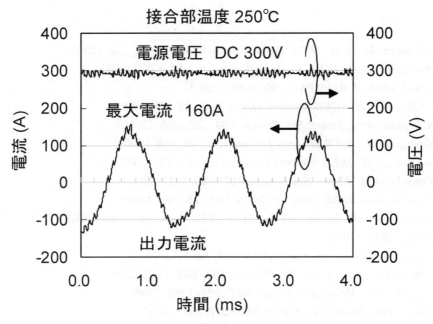
図16 高温駆動時の出力波形

1相誘導負荷ハーフブリッジ回路の SiC IPM である。高温耐性ケース材料と高温封し材料を用いた。4H-SiC DMOS は 20A クラスのものを 8 個用いた。

動作周波数は 15kHz で，電源電圧は DC300V である。図15は，IPM 動作時の熱分布である。このときの出力波形（図16）は 150A 以上，出力は 48kVA であり，250℃ という高温接合温度での駆動に成功した。

7.5 まとめ

致命的欠陥を不活性化する技術により 300A クラスの大面積 4H-SiC SBD（$1cm^2$）の開発に成功した。また，20A，1.2kV 反転型 4H-SiC DMOS を作製した。オフリークは高温（200℃）においても非常に低い値（$1\mu A$ 以下）が得られた。これまで問題とされていたゲート酸化膜の信頼性は，デバイスの Q_{BD} 値が約 $15C/cm^2$ と実用レベルまで改善した。4H-SiC トレンチ MOSFET は，$1.7m\Omega m^2$（耐圧 790V）ときわめて低いオン抵抗が得られた。SiC IPM の高温動作に関しては，高温耐性接合技術を用いることで，250℃ での IPM 駆動に成功した。

文　献

1) J. A. Cooper, Jr., *et al.*, *IEEE Trans. Electron Devices*, **49**, 658 (2002)
2) S. Dimitrijev, *et al.*, *IEEE Electron Device Lett.*, **18**, 175 (1997)
3) P. Jamet, *et al.*, *J. Appl. Phys.*, **90**, 5058 (2001)
4) G.Y. Chung, *et al.*, *IEEE Electron Device Lett.*, **22**, 176 (2001)
5) L. A. Lipkin, *et al.*, *Mater. Sci. Forum*, **389-393**, 985 (2002)
6) R. Kosugi, *et al.*, *IEEE Electron Devices Lett.*, **23**, 136 (2002)
7) J. Senzaki, *et al.*, *IEEE Electron Devices Lett.*, **23**, 13 (2002)
8) K. Fukuda, *et al.*, *Mater. Sci. Forum*, **457-460**, 1417 (2004)
9) S. Harada, *et al.*, *IEEE Electron Device Lett.*, **25**, 292 (2004)
10) S. Harada, *et al.*, Technical digest of IEEE International ELECTRON DEVICES meeting, p.903 (2006)
11) S. Ryu, *et al.*, *Mater. Sci. Forum*, **527-529**, 1261 (2006)
12) K. Yamashita, *et al.*, *Mater. Sci. Forum*, **600-603**, 1115 (2008)
13) H. Nakao, *et al.*, *Mater. Sci. Forum*, **527-529**, 1293 (2006)
14) H. Yano, *et al.*, *Mater. Sci. Forum*, **556-557**, 807 (2007)

8　SiC接合型／静電誘導型（SiC-JFET/SIT）トランジスタ

田中保宣*

8.1　SiC-JFET/SITの開発経緯

　一般的に，パワースイッチング素子はその動作モードでバイポーラ型とユニポーラ型に分類される。前者として代表的な素子はIGBT（Insulated Gate Bipolar Transistor）であり，ユニポーラ型素子と比較してオン電圧が低いという特徴から，家電から産業応用に至るモータードライブ回路やハイブリッド自動車用インバータ回路など，幅広い応用範囲に活用されている。しかし，バイポーラ動作特有のターンオフ特性に難点があり，特に数十kHzを超える高周波動作用途（DC-DCコンバータ，直流電源等）には不向きである。一方，MOSFET（Metal-Oxide-Semiconductor Field Effect Transistor）は，その伝導性を多数キャリアのみが担うユニポーラ型の素子であり，スイッチング特性が優れていることから主に高周波動作用途に活用されている。最近は，Super junction構造を活用したオン電圧の低いMOSFETが開発・市販されているが，同耐圧のIGBTと比較するとそれでもまだオン電圧は高く，特に1,000Vを超える高電圧素子では，その素子作製プロセスの複雑さから実現が非常に困難である。これらSiのパワースイッチング素子と比較して，SiC-MOSFETは低オン電圧，高周波動作が両立するスイッチングデバイスとして期待されており，古くから世界中の研究機関やデバイスメーカーにより開発が進められてきた。しかし，酸化膜形成中に発生する高密度な界面準位が原因で低いチャネル移動度しか得られずSiCの物理限界に近い低オン抵抗化が困難なこと，さらには酸化膜の信頼性についても問題が残っており，その実現が遅れている。

　一方，SiC接合型／静電誘導型トランジスタ（SiC-JFET/SIT）は，チャネルが半導体内部に形成されることから，SiC結晶中の高い電子移動度（～900cm^2/Vs）をそのまま生かせる，超低オン抵抗，高速スイッチング素子として期待されている。一般的に，ノーマリオン動作という点では制御性においてMOSFETに劣っているが，低耐圧Si-MOSFETとのカスコード接続[1]やチャネルの微細化によりノーマリオフ動作を実現[2]している報告例もある。また，MOSFETのように酸化膜の信頼性を考慮する必要がないことから，耐高温環境・耐放射線性半導体デバイスとしても有望である。SiC-JFET/SITの性能を向上させるためのキーポイントはセルピッチをいかに微細化するかであるが，従来試みられてきた構造では微細化が容易ではなく低オン抵抗化が困難であったが，最近になってリセスゲート構造や埋込ゲート構造により，SiCの物理限界に迫る低オン抵抗素子が報告されるようになっている。

＊　Yasunori Tanaka　㈱産業技術総合研究所　エネルギー半導体エレクトロニクス研究ラボ　主任研究員

8.2 SiC-JFET/SITの各種構造

SiC-JFET/SITは,その構造から図1に示すような3タイプに大別される。図1(a)は表面ゲート型と呼ばれ,イオン注入により形成されたソースおよびゲート領域が同一面に形成されるため製造プロセスが簡便であるという利点がある。ただし,高耐圧を実現するためにはゲート領域を深く形成する必要があり,高エネルギーイオン注入技術が必要不可欠である。さらに,ソースおよびゲート領域の位置合わせ精度,各電極との位置合わせ精度により,セルピッチの微細化には限界がありSiCの物理限界にまで迫る低オン抵抗化が困難である。小野瀬ら[3]は,1MeVを超える高エネルギーイオン注入法を用いて表面ゲート構造を形成し,2kVを超える耐圧を持つSiC-JFETの試作に成功している。

図1(b)はリセスゲート型と呼ばれ,ゲート領域をドライエッチングにより掘り下げた位置に形成することを特徴としており,高耐圧を実現するために最適な構造である。通常は表面ゲート型と同じく,イオン注入および電極形成の際の位置合わせ精度により微細化の限界があるが,製造プロセスを工夫することにより微細化による低オン抵抗化と高速スイッチングの両立を実現している研究グループもある[4]。また,チャネルとなるメサ構造を微細化することによりノーマリオフ化も可能である。

図1(c)は埋込ゲート型と呼ばれ,ゲート領域がドリフト層に完全に埋め込まれた構造である。Si-SITではゲート領域を拡散法により形成し,その上にさらにn⁻層をエピタキシャル成長させることにより埋込ゲート構造を形成するが,SiCでは不純物の拡散係数が極めて小さいことから拡散法を用いることができない。田中[5]らは微細トレンチ構造を形成した後,トレンチを埋め戻

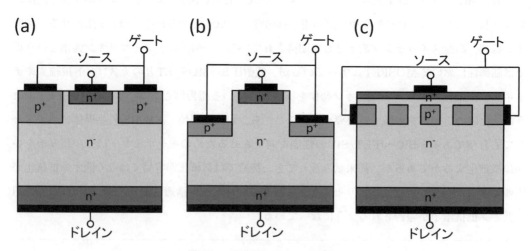

図1　SiC-JFET/SITの各種構造
(a)表面ゲート型,(b)リセスゲート型,(c)埋込ゲート型

すエピタキシャル成長を行うことにより埋込ゲート構造を実現した．この構造では，イオン注入や電極形成プロセスにおいて位置合わせが必要ないため極限までの微細化が可能であり，物理限界に近い低オン抵抗化が可能である．一方，SiC中のp型ドーパントであるAlの不純物準位が深く（～180meV），ゲート領域であるp$^+$層の低抵抗化が困難であることから，スイッチング特性に難がある．ただし，ゲート領域をエピタキシャル成長により形成すること，およびゲート電極のレイアウトを工夫することによりスイッチング特性のかなりの改善が可能である．

8.3 SiC-JFET/SITの開発状況

本項では，上述した各構造毎にその開発状況について述べる．

8.3.1 表面ゲート型

最も古くから試作が行われてきたタイプであり，いくつかの構造が提案されている．ドライエッチングや再エピ成長などの複雑なプロセスが必要なく素子構造がシンプルであるため，作製が容易であることが大きな特徴である．渡辺ら[6]は，図2に示すような構造で耐圧2kV以上のSiC-JFETの試作に成功している．この構造の特徴は，高エネルギーイオン注入を用いて深い接合（>2μm以上）を形成することにより，2kVを超える高耐圧を実現していることにある．またSiC固有の物理特性を生かし，ソース／ゲート間（高濃度pn接合）をオーバーラップさせる構造を採用することにより，素子の微細化にも成功している．渡辺らが試作した素子では，ゲート電圧が＋2.5Vにおいて15mΩcm^{2}という特性オン抵抗が得られている．一方，水上ら[7]は図1(a)に示す最もオーソドックスなタイプの素子を高エネルギーイオン注入を用いて試作し，耐圧600Vで13mΩcm^2，および耐圧900Vで16mΩcm^{2}という特性オン抵抗が得られている．

これら表面ゲート型JFET/SITの共通した問題点として，①深い接合を形成するために特殊な高エネルギーイオン注入装置（MeV級）が必要であること，②深い接合を形成することにより

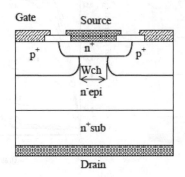

図2　ゲート／ソースオーバーラップ構造を持つ表面ゲート型SiC-JFET
（IEEE ISPSD 2000 プロシーディングス）

高耐圧化は可能であるが，ブロッキングゲイン（耐圧／ピンチオフゲート電圧）の改善が困難であること，③素子の微細化には限界がありSiCの物理限界に迫る低オン抵抗化が困難であること，等が挙げられる。実際上述した試作結果ではSiCの物理的な限界に対して10倍以上のオン抵抗しか得られていない。

8.3.2 リセスゲート型

最近最も報告例の多いタイプであり，ノーマリオフ特性を持つ素子の報告もある。Zhaoら[8]が試作したリセスゲート型JFET/SITの構造を図3(a)に示す。この構造の特徴は，①微細トレンチエッチングによりチャネルを形成することにより素子の微細化が可能なこと，②斜めイオン注入によりメサ構造の側壁，およびトレンチ底部にゲート領域を形成することで，電流を遮断するに十分なポテンシャルバリアを形成することができることにある。つまり，表面ゲート型構造では高エネルギーイオン注入という特殊な手法を用いて深い接合を形成していたが，リセスゲート型構造では極めて簡便に同様の構造を作り出していることになる。また，斜めイオン注入の角度によりチャネル幅を操作できることも大きな特徴である。同素子の電流電圧特性を図3(b)に示す。ゲート電圧が－9Vにおいて1,710Vという耐圧，またゲート電圧が＋5Vにおいて2.77mΩcm^{2}という極めて低い特性オン抵抗が得られている。ただし，一般的にJFET/SIT構造ではゲート電圧がpn接合の拡散電位（SiCの場合～2.5V）を超えるとゲートからの小数キャリア注入が起こ

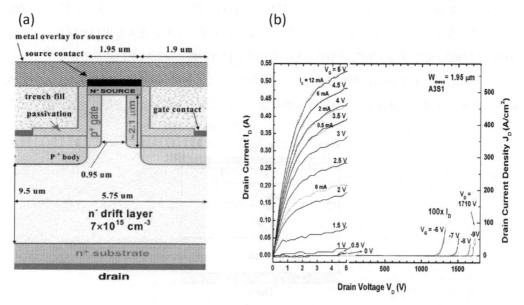

図3　リセスゲート型SiC-JFET
(a)素子構造，(b)電流電圧特性（*IEEE ELECTRON DEVICE LETTERS*, **24**, NO.2, 81(2003)）

第1章　SiC

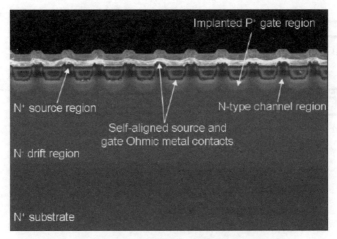

図4　リセスゲート型SiC-JFETの断面SEM像
(*Materials Science Forum*, **527-529**, 1183(2006))

り，動作モードがバイポーラ動作となるためスイッチング特性に難があると予想される。ユニポーラ動作の限界であるゲート電圧が＋2.5Vの時の特性オン抵抗は，図3(b)より計算すると5mΩcm^{2}程度であると考えられる。

Chengら[4]は，前者と異なりトレンチ底部のみにイオン注入によりゲート領域を形成するオーソドックスな構造（図1(b)）を持つJFET/SITを試作した。図4に試作した素子の断面SEM像を示す。この構造の特徴はセルピッチの微細化と優れたスイッチング特性を両立した点にある。一般的に，SiC-JFET/SITでは素子の微細化によりオン抵抗を減少させることができるが，微細化に伴ってトレンチ底部のゲート領域直上にオーミックコンタクトを形成することが困難になり，結果的に内部ゲート抵抗が増大しスイッチング特性に悪影響を及ぼす。この構造では，セルピッチを微細化しオン抵抗を減少させた上で，ソースおよびゲートコンタクトをセルフアラインプロセスで形成することにより内部ゲート抵抗を減少させ，スイッチング特性の向上を実現している。3mm^{2}の有効面積を持つ素子を試作し，ゲート電圧が－25Vにおいて600Vの耐圧，またゲート電圧が＋3Vにおいて2.98mΩcm^{2}という特性オン抵抗が得られている。また，抵抗負荷回路を用いた動特性評価により，電流上昇時間t_r，電流降下時間t_f，ターンオン遅れ時間t_{d_on}，ターンオフ遅れ時間t_{d_off}が，それぞれ22.8ns，14.8ns，6ns，8.8nsという高速スイッチングが可能であることを確認している。

リセスゲート構造では上述の通りチャネルの微細化が容易であるため，上述のグループを含めたいくつかのグループでSiC-JFET/SITのノーマリオフ化に関する研究も盛んに行われている。ノーマリオフ化に関しては別の項で詳細を述べる。

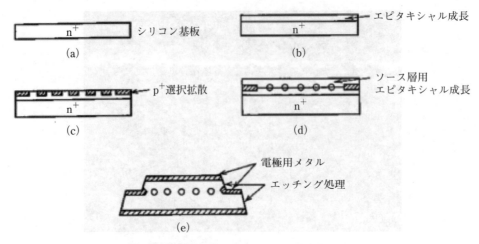

図5 埋込ゲート型Si-SITの製造工程
(西沢潤一監修,『SIデバイス』, p.22, オーム社(1995))

8.3.3 埋込ゲート型

この構造は,Si-SITにおいて西澤ら[9]により最も早く試作が行われたタイプである。図5にその製造工程の概略図を示す。まず,ドリフト層となるn⁻エピタキシャル層上に埋込ゲートとなるp⁺領域を拡散法により形成し,その上にさらにソース領域を形成するためのエピタキシャル成長を行うことにより埋込ゲート構造を実現している。このようにSiの場合,拡散法による選択的ドーピングを行うことにより簡便に埋込ゲート構造を実現できる反面,その後のエピタキシャル成長や熱処理工程におけるドーピングプロファイルの制御が困難であるため,セルピッチの微細化には限界があった。一方,SiC中の不純物拡散係数は高温でも極めて低いため,拡散法を選択的ドーピングの手法として用いることはできない。またイオン注入法は,①～1μm深さ程度のゲート領域を形成するためには特殊なMeV級高エネルギーイオン注入装置が必要であること,②p⁺ゲート層のシート抵抗を下げることと素子特性に影響を及ぼす残留結晶欠陥の低減を両立することが極めて困難であること,等からその適用は困難である。田中らは[5],微細トレンチエッチングとエピタキシャル成長を組み合わせることにより,選択的ドーピング手法を用いずにSiCで初めて埋込ゲート構造(SiC-BGSIT:SiC-Buried Gate SIT)を実現した。図6にその製造工程の概略図を示す。まず,(a)n⁺型4H-SiC基板上にドリフト層となるn⁻層,およびゲート層となるp⁺層をCVD法によりエピタキシャル成長させる。次に,(b)ドライエッチング法によりp⁺ゲート層を離間させ,微細なトレンチ構造を形成する。離間したp⁺層間の距離が完成した素子のチャネル幅W_{ch},またp⁺ゲート層の厚みがチャネル長L_{ch}に相当するため,素子の歩留まりを確保するためにはエピタキシャル成長,およびトレンチエッチングを再現性良く行うことが最も重要である。このトレンチ構造上に,(c)チャネル領域,およびソース領域となるn⁻層

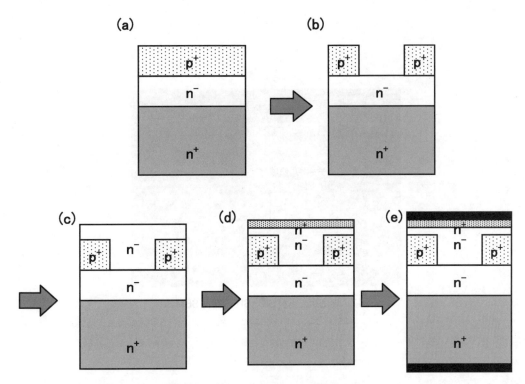

図6 埋込ゲート型SiC-SITの製造工程

を再びエピタキシャル成長により形成する。通常,エピタキシャル成長は平坦な基板上に行われるが,SiC基板の結晶方位やエピタキシャル成長の条件(温度,ガス流量等)を最適化することにより,微細なトレンチ構造上のエピタキシャル成長が初めて可能となった。その後,(d)n$^+$ソース領域をイオン注入により形成し,活性化熱処理(1600℃)後,(e)ソース電極およびドレイン電極を形成する。この構造では,ソース領域とゲート領域を形成する際の精密な位置合わせ精度は必要なくセルピッチの大幅な縮小が可能となるため,オン抵抗を極限まで下げることが可能となる。また,ゲート領域形成にイオン注入を用いていないため,ゲート層のシート抵抗低減と結晶欠陥の極めて少ない接合形成の両立を実現している。図7に上記プロセスにより試作されたSiC-BGSITの断面SEM像を示す。ゲート領域が完全に埋め込まれ,それらの間にn$^-$チャネル領域が形成されていることがわかる。

上記プロセスで試作された素子のオン特性を図8(a)に示す。印加したゲート電圧は0〜2.5V(0.5V刻み)の範囲である。ユニポーラ動作限界のゲート電圧2.5V印加時において,ドレイン電流密度200A/cm^{2}での特性オン抵抗は1.01mΩcm^{2}という極めて低い値が得られている。一方,ブロッキング特性では(図8(b)),ゲート電圧が−12Vにおいてチャネルが完全にピンチオフし,その際のブロッキング電圧V_{BR}は700Vという値が得られた。ここで得られた特性オン抵抗値は,

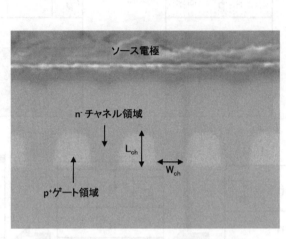

図7　埋込ゲート型SiC-SITの断面SEM像

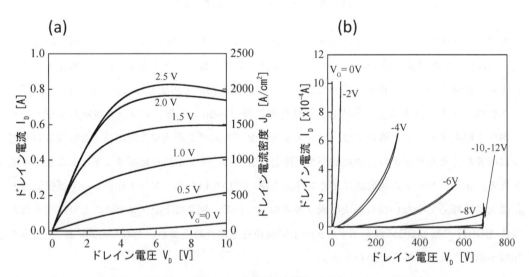

図8　埋込ゲート型SiC-SITの(a)オン特性，(b)ブロッキング特性

第1章　SiC

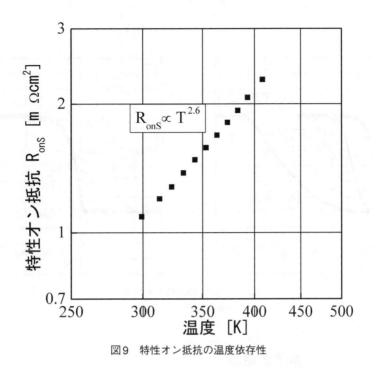

図9　特性オン抵抗の温度依存性

これまで報告された600V級SiCパワースイッチング素子の中で最も低い値であり，SiCの物理限界に極めて近い結果である。さらに，ドリフト層の濃度と厚み，および耐圧構造を最適化することにより，耐圧1,270V，特性オン抵抗1.21mΩcm²という素子の試作にも成功している[10]。図9に特性オン抵抗の温度依存性を示す。室温から200℃までの温度範囲で，特性オン抵抗は温度の2.6乗に比例して増加していることがわかる。この値は，n⁻ドリフト層中のキャリア移動度の温度依存性[11,12]とほぼ一致していることから，SiC-BGSITではSiCのバルク物理特性をそのまま反映した理想的な温度依存性を示し，キャリアの散乱機構としては音響フォノン散乱が支配的であることがわかる。

図10にSiC-BGSITのターンオフ波形を示す。チョッパー回路によるダブルパルス法を用いて，電源電圧600V，負荷電流4A，負荷インダクタンス5mH，オン時のゲート電圧＋2.5V，オフ時のゲート電圧－25Vの条件で動特性の測定を行った。図10(a)に，異なったソース長を持つ（素子有効面積は同じ）素子のターンオフ波形を示す。ここで，ソース長とは隣り合ったゲート電極間に挟まれた埋め込みp⁺ゲート領域の長さと定義する（図11参照）。この結果から，ソース長の違いによりターンオフ時間が大幅に異なっており，ソース長が長い程ターンオフ時間が長くなっていることがわかる。ソース長が1,014μmの素子では電圧上昇時間t_rが395nsecと極めて

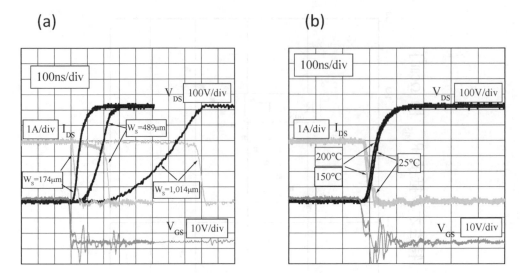

図10　SiC-BGSITの動特性
(a)ソース長依存性，(b)温度依存性

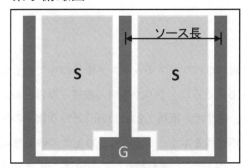

図11　SiC-BGSITの電極レイアウト

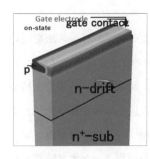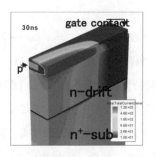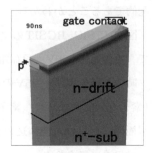

図12　ターンオフ動作時の電流分布（口絵カラー参照）

第1章　SiC

大きな値である一方，ソース長が174μmの素子ではtrが70nsecという速いターンオフ動作が確認されている。このようなターンオフ時間のソース長依存性は，ソース長に依存して素子内部ゲート抵抗が異なり，その結果スイッチング動作が不均一になるために起こると考えられる。これはデバイスシミュレーションによっても確かめられている[13]。素子が導通状態の時はチャネル中を均一に電流が流れているが（図12(a)），ターンオフした直後にゲート電極から最も離れたチャネル領域に電流が集中し（図12(b)），最終的に全チャネル領域に渡って電流が遮断される（図12(c)）。ソース長が長い素子ではこの電流集中が極端に大きくなり，ターンオフ時間が長くなっていると考えられる。一方でこのような電流集中はソース長を短くすることにより防ぐことが可能であり，それによりターンオフ時間を改善することができる。

8.4　SiC-JFET/SITの負荷短絡耐量

パワーデバイスはこれまで述べてきた優れた電気特性（低オン抵抗，高速スイッチング等）と，過渡的な高電圧，大電流に対する破壊耐性を同時に要求される。SiCパワーデバイス，特にSiC-JFET/SITの破壊耐性についての研究はこれまでほとんどされてこなかったが，実用化のためにはその評価は必要不可欠である。矢野らは[14]，8.3.3で述べたSiC-BGSITの負荷短絡耐量について詳細な評価を行った。図13(a)に負荷短絡耐量の測定回路を示す。電源に対して直列に被試験デバイスを接続し，ゲートに単パルスを加えてオフ状態からオン状態にした時の短絡電流を測定する。この際，パルス幅を広げることにより短絡時間を徐々に長くして，最終的に素子が破壊した時のパルス幅を破壊時間，オン期間中に流れる短絡電流の最大値を最大短絡電流，オン期間中に単位面積あたり素子で消費されたエネルギーを短絡エネルギー密度と定義する。図13(b)に測定波形の代表例を示す。短絡直後に35Aを超える最大短絡電流が流れるが，素子内部

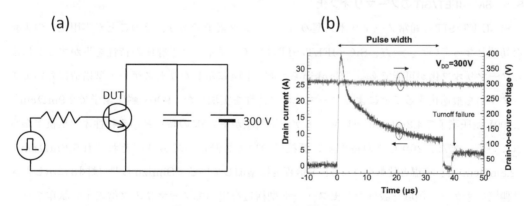

図13　SiC-BGSITの負荷短絡耐量評価
(a)測定回路，(b)代表的な測定波形
(*Materials Science Forum*, **615-617**, 739 (2009))

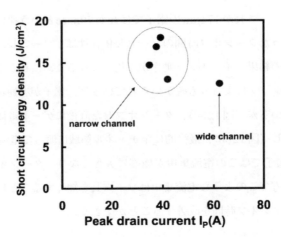

図14　短絡エネルギー密度のチャネル幅依存性
(*Materials Science Forum*, 615-617, 739 (2009))

の温度上昇によるオン抵抗の増加により短絡電流は徐々に減少し，最終的に約35μsecのパルス幅で素子の破壊が観察された。通常，パワーデバイスでは短絡事象の発生・検知からゲートにオフ信号を与えて電流遮断するまでに，ロジックによる遅延を含めて10μsec以上の破壊時間が要求されること[15]から，SiC-BGSITは十分な負荷短絡耐量を有しているということが確認された。また，負荷短絡耐量は素子の設計に大きく依存し，チャネル幅の狭い素子の方が最大短絡電流が低く抑えられる上に，短絡エネルギー密度も高い値（〜18J/cm^2）が得られている（図14）。この値は，従来のSi-IGBTで報告[15]されている値（〜6.0J/cm^2）に対して3倍大きい値であり，SiCの材料としての優れた物理特性を反映していると考えている。

8.5　SiC-JFET/SITのノーマリオフ化

Si-JFET/SITは通常ノーマリオン型のスイッチング素子であり，そのことが実用化への大きな妨げとなっていた。一方，SiC-JFET/SITはワイドギャップ半導体の特性を生かすことによりノーマリオフ化が可能である。Sankinら[2]は，図4に示したリセスゲート型構造においてチャネル幅を最適化することによりノーマリオフ特性を実現した。900V耐圧素子で2.9mΩcm^2，1,100V耐圧素子で4.3mΩcm^2（いずれもゲート電圧が＋2.5Vの時）という特性オン抵抗が得られている。また，200℃での特性オン抵抗についても測定しており，それぞれ6.6mΩcm^2，12.8mΩcm^{2}と，室温と比較して2.5〜3倍程度に増加している。Simizuら[16]は図3に示したメサ側壁にもゲート領域を設けたリセスゲート型構造を用いてノーマリオフ型素子の試作を行った。彼らは，側壁ゲート領域とチャネル領域のpn接合部のドーピングプロファイルを最適化することにより，オン抵抗の増加を極力抑えつつノーマリオフ特性を実現した。ノーマリオフ特性，

第1章　SiC

かつ600V耐圧を実現するための限界条件であるソース幅1μmという条件において飽和電流密度1,350A/cm^2，特性オン抵抗2.0mΩcm^{2}という優れた結果が得られている。

　これらノーマリオフ型SiC-JFET/SITの共通した問題点として以下の点が挙げられる。第一に，ノーマリオフ特性とオン抵抗はトレードオフの関係にあり，チャネル幅が0.1μm異なるだけでその電気特性は大きく変化するためプロセスマージンが極めて狭い。電流容量の大きい素子を歩留まりよく作製するためには，トレンチマスクのパターニングが不均一にならないようにSiCウェハの品質向上，特にウェハ反りの改善が不可欠である。第二に閾値電圧が温度の上昇とともに低下するため，高温動作を前提にすると第一で述べたプロセスマージンがさらに狭くなるため注意が必要である。第三にゲート電圧のドライブ範囲が0～＋2.5Vと狭いので高速スイッチングにはゲートドライブの工夫が必要である。

　以上のような問題点はあるが，酸化膜の信頼性や低オン抵抗化に問題があり実用化が進んでいないSiC-MOSFETと比較すると，ノーマリオフ型SiC-JFET/SITの実用化が先行する可能性は大きい。

8.6　今後の課題

SiC-JFET/SITの今後の展開に関して課題を挙げる。

① 素子の大容量化

　最近ではSiCの物理限界に近い特性オン抵抗の報告が相次いでいる。一方で，素子の大面積化は遅れており，最近になって50Aを超える電流容量を持つ素子の試作についての報告が複数行われている。8.5節でも述べたが，SiCウェハ中の結晶欠陥が悪影響を及ぼしているのみでなく，SiCウェハの反りによるパターニングの不均一性が素子の大面積化を阻害している側面も大きい。今後のSiCウェハの平坦性改善を含めた高品質化に期待したい。

② 新たな応用分野の開拓

　現在のSiパワーデバイスが活用されている分野においてのみでなく，全く新しい分野への応用も模索していくことが実用化への近道になる可能性もある。例えば，Handtら[17]は現在の交流配電系で用いられている機械式電流遮断器をSiC-JFET/SITを用いた半導体電流遮断器に置き換えることによりアークレス・ノイズレスの電流遮断が可能になると提唱している。このような半導体電流遮断器は，SiC-JFET/SITの持つ超低オン抵抗という特徴を生かして（リーズナブルなサイズで）初めて実現できる応用分野である。また，宇宙探索や地下探索，原子力発電に共通する高温環境・放射線環境下での各種応用についても，SiC-JFET/SITが大きな役割を果たす可能性のある応用分野として期待される。

文　　献

1) P. Friedrichs, H. Mitlehner, R. Schörner, K.-O. Dohnke, R. Elpelt and D. Stephani, "Application-Oriented Unipolar Switching SiC Devices", *Materials Science Forum*, **389-393**, 1185 (2002)
2) I. Sankin, D. C. Sheridan, W. Draper, V. Bondarenko, R. Kelley, M. S. Mazzola and J. B. Casady, "Normally-Off SiC VJFETs for 800 V and 1200 V Power Switching Applications", *Proc. of the 20th International Symposium on Power Semiconductor Devices and IC's*, p.260 (2008)
3) H. Onose, A. Watanabe, T. Someya and Y. Kobayashi, "2kV 4H-SiC Junction FETs", *Materials Science Forum*, **389-393**, 1227 (2002)
4) L. Cheng, J. R. B. Casady, M. S. Mazzola, V. Bondarenko, R. L. Kelley, I. Sankin, J. N. Merrett and J. B. Casady, "Fast Switching (41 MHz), 2.5mΩcm^2, high current 4H-SiC VJFETs for high power and high temperature applications", *Materials Science Forum,* **527-529**, 1183 (2006)
5) Y. Tanaka, M. Okamoto, A. Takatsuka, K. Arai, T. Yatsuo, K. Yano and M. Kasuga, "700-V 1.0-mΩcm^2 Buried Gate SiC-SIT (SiC-BGSIT)", *IEEE Electron Device Lett.*, **27**, 908 (2006)
6) 渡辺篤雄,「単結晶炭化シリコンを用いた静電誘導トランジスタ」電子材料2004年1月号, p.142
7) M. Mizukami, O. Takikawa, S. Imai, K. Kinoshita, T. Hatakeyama, T. Domon and T. Shinohe, "Electrical Characteristics Temperature Dependence of 600 V-class Deep Implanted Gate Vertical JFET", *Materials Science Forum*, **483-485**, 881 (2005)
8) J. H. Zhao, K. Tone, P. Alexandrov, L. Fursin and M. Weiner, "1710-V 2.77-mΩcm^2 4H-SiC Trenched and Implanted Vertical Junction Field-Effect Transistors", *IEEE Electron Device Letters*, **24**, 81 (2003)
9) J. Nishizawa, T. Terasaki and J. Shibata, "Field-Effect Transistor Versus Analog Transistor (Static Induction Transistor)", *IEEE Trans. On Electron Devices*, **ED-22**, 185 (1975)
10) Y. Tanaka, K. Yano, M. Okamoto, A. Takatsuka, K. Arai and T. Yatsuo, "1270V, 1.21 mΩcm^2 SiC Buried Gate Static Induction Transistors (SiC-BGSITs)", *Materials Science Forum,* **600-603**, 1071 (2009)
11) R. Wang, I. B. Bhat and T. P. Chow, "Chemical Vapor Deposition of n-Type SiC Epitaxial Layers Using Phosphine and Nitrogen as the Precursors", *Materials Science Forum,* **433-436**, 145 (2003)
12) K. Kojima, T. Takahashi, Y. Ishida, S. Kuroda, H. Okumura and K. Arai, "4H-SiC Carbon-Face Epitaxial Grown by Low-Pressure Hot-Wall Chemical Vapor Deposition", *Materials Science Forum*, **457-460**, 209 (2004)
13) K. Yano, Y. Tanaka, T. Yatsuo, A. Takatsuka, M. Okamoto and K. Arai, "Three Dimensional Analysis of Turnoff Operation of SiC Buried Gate Static Induction Transistors (BG-SITs)", *Materials Science Forum*, **600-603**, 1075 (2009)

14) K. Yano, Y. Tanaka, T. Yatsuo, A. Takatsuka and K. Arai, "Short-Circuit Operation of SiC Buried Gate Static Induction Transistors (SiC BGSITs)", *Materials Science Forum*, **615-617**, 379 (2009)
15) M. Otsuki, Y. Onozawa, H. Kanemaru, Y. Seki and T. Matsumoto, "A Study on the Short-Circuit Capability of Field-Stop IGBTs", *IEEE Trans. on Electron Devices*, **50**, 1525 (2003)
16) H. Shimizu, Y. Onose, T. Someya, H. Onose and N. Yokoyama, "Normally-off 4H-SiC Vertical JFET with Large Current Density", *Materials Science Forum*, **600-603**, 1059 (2009)
17) K. Handt, G. Griepentrog and R. Maier, "Intelligent, Compact and Robust Semiconductor Circuit Breaker Based on Silicon Carbide Devices", *Proc. of the 39th IEEE Annual Power Electronics Specialists Conference*, p.1586 (2008)

第2章　GaN

1　GaN ―可能性とその特徴―

江川孝志*

1.1　はじめに

　地球温暖化問題が注目され，その主要因とされるCO_2の排出削減のために種々の分野で省エネルギー化が取り上げられている。このため，電気エネルギーの高効率利用が重要な課題になってきており，電気の変換や制御を行うSiパワーデバイスの一層の高性能化が要求されている。しかし，MOSFETやIGBT等のSiデバイスに見られるように，Siの物性限界に直面し大幅な性能向上はもはや困難な状況にある。このSiの物性限界を大幅に打破できる半導体材料として，シリコンカーバイト（SiC），窒化ガリウム（GaN）やダイヤモンド等の新しいワイドバンドギャップ半導体[1]に大きな期待が寄せられ，国内外で活発な研究開発が進められている。本節では，ワイドバンドギャップ半導体（特にGaN）のパワーデバイスの可能性とその応用について報告する。

　パワースイッチングによる電力変換では，交流―交流，交流―直流，直流―交流，直流―直流の変換が自在にできる。パワーデバイスの進歩に伴いパワーエレクトロニクス変換装置の応用は急速に拡大した。現在では，携帯端末，情報通信機器，省エネ家電製品，照明，各種産業応用，電気鉄道，自動車，無効電力補償装置，電力系統装置に至るまで，パワーエレクトロニクスは社会インフラやエレクトロニクス産業を支える基盤技術として不可欠な存在になっている。

　パワーデバイスや関連技術の発展を促す新しい性能指標として出力パワー密度が注目されている。図1に過去30年間の各種装置の出力パワー密度の向上を示す[2]。出力パワー密度は直線的に増加し，30年間に約2桁も向上している。現在，$1W/cm^3$から$2W/cm^3$程度に到達している。2010年から2020年頃には，数十W/cm^3の装置が実用化され次世代CPU電源，超小型の汎用インバータ，電気自動車等のパワーエレクトロニクスの新市場が期待される。

1.2　ワイドバンドギャップ半導体と性能指数

　SiやGaAs等の従来の半導体材料と比較して，GaN，SiCおよびダイヤモンドは構成原子間の

＊　Takashi Egawa　名古屋工業大学　極微デバイス機能システム研究センター
　　センター長；教授

第2章　GaN

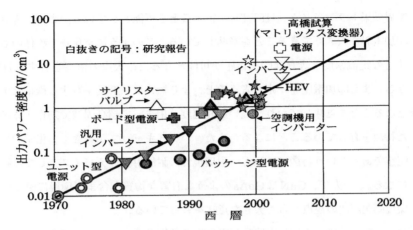

図1　出力パワー密度から見た電力変換器のロードマップ

ボンド長が小さく，バンドギャップが大きいという特徴をもつ半導体である。小さいボンド長は原子間の結合が強いことを意味し，その化学的安定性はきわめて高い。また，強い原子間結合エネルギーと構成元素の軽い質量は大きなフォノンエネルギーを生み出し，格子散乱が起こりにくくなり高い熱伝導度・飽和ドリフト速度をもたらす。一方，バンドギャップが大きいとアバランシェ効果も起こりにくくなり，絶縁破壊電界が高くなる。これらの物性的特徴は，半導体材料として高周波デバイスや高出力デバイスへの応用にきわめて魅力的となる。

　窒化物半導体は軽元素の窒素をV族構成元素としてもつことにより，Ga-Nの原子間結合が強く，格子定数も従来の半導体に比べ著しく小さい。一方で原子間結合の強さは，熱的にも化学的にも機械的にも堅牢であるという優れた特徴にも結びつく。GaAsよりは強いイオン性をもつことおよび結晶構造が六方晶ウルツ鉱構造でc軸方向の反転対称性を欠くことが原因となって，自発分極を示し，結晶が歪むとさらにピエゾ分極も生じるという特徴をもつ。

　GaNは室温で3.4eVとバンドギャップが大きく，絶縁破壊電界は3.3×10^6V/cmとGaAsの約8〜10倍も大きい。そして移動度も適度に大きく，飽和ドリフト速度も2.5×10^7cm/sと大きく，GaAsの1.2倍以上の値を示す。熱伝導率もSiCに比べれば劣るが，GaAsに比べれば4倍以上大きい。

　このように物性値としても窒化物半導体は高周波デバイスやパワーエレクトロニクスデバイスとして優れた特徴を有しているが，特にSiCと比較して窒化物半導体のもつ優れた特徴は，AlGaN，AlInGaN等との間に大きなバンド不連続を有するヘテロ構造を形成することができることにある。このヘテロ界面には，前述した自発分極とピエゾ分極による大きなキャリヤ濃度をもった二次元電子ガスを容易に形成することができる。これらの高濃度の二次元電子ガスの存在は，大きな飽和ドリフト速度，比較的大きな電子移動度もつ特徴と相まって，大きな電流密度の

ヘテロ接合電界効果トランジスタ（HFET）を得ることを可能としている。さらに大きな絶縁破壊電界は，印加電界を大きくできることを意味している。このように窒化物半導体のもつ物性的特徴から，大きな電流密度と大きな印加電圧が可能となるため大電力密度を有するHFETの作製が可能となる。また印加電圧を一定で考えると，より短いゲート長を有する微細なデバイスの作製が可能となることを意味しており，高い飽和速度と相まって超高周波で動作するデバイスとしての優れた特徴を有していることになる。また，バンドギャップが大きく，化学的にも機械的にも安定で堅牢であるという特徴は，高温・耐環境性・耐放射線性デバイスとしての特徴も有していることになる。一方で，GaNはGaAsのような有害な物質を含まず環境に優しい半導体材料であり，環境問題解決の視点からも大きな意味をもっている。

以下ではGaAs系電子デバイスと比較した窒化物半導体電子デバイスの高出力・高周波デバイスとしての優位性をさらに定量的に示す。AlGaN/GaNのヘテロ接合界面には，大きなバンドオフセットと自発分極およびピエゾ分極の効果により，Alの混晶組成0.3の場合でも，1.3×10^{13} cm^{-2}程度のキャリヤ濃度を比較的容易に実現することができる。この値はAlGaAs/GaAsの場合の約5倍の値であり，またGaNの飽和ドリフト速度はGaAsの約1.2倍に達する。HFETの最大電流密度は一次近似的にキャリヤの濃度と飽和ドリフト速度の積に比例するため，AlGaN/GaN HFETからはAlGaAs/GaAs HFETと比較して5～6倍の単位ゲート幅当たりの電流密度を期待できることになる。一方HFETのソース・ドレーン間に印加可能な電圧は，絶縁破壊電界がGaAsの約8～10倍であることから，デバイス構造が同じ場合には約1桁大きくできるということになる。A級動作増幅器の単位ゲート幅当たりの高周波電力密度は，絶縁破壊ソース・ドレーン間電圧V_{DS}と最大電流密度I_{DS}の積に比例するので，AlGaN/GaN HFETの高周波電力密度は，AlGaAs/GaAsに比べ50～60倍の高い性能が期待できる。

表1に各種半導体材料の物性値を示すが，ワイドバンドギャップ半導体材料の値はSiやGaAsとは随分異なっていることがわかる。個々の材料が様々な応用システムに適しているか否かを示す指標として，これらの物性値を組み合わせたいわゆる性能指標が提案されている。この中で，高出力高周波デバイスに対しては周波数×出力性能を表すジョンソン指数，高出力FETのスイッチング損失を表すバリガ高周波指数などが良い指標になると考えられる。ワイドバンドギャップ半導体材料に対しては絶縁破壊電界など，まだ信頼性に乏しい物性値もありどのような値を用いるかによって指数の値は若干変化するが，Si等と比較してワイドバンドギャップ半導体材料はいずれも大きな指数を示し，高出力高周波デバイスに適用した場合，非常に優れた性能が得られると期待される。

パワーデバイスとしての性能指数がバリガ指数（BFM）

$$\mathrm{BFM} = \varepsilon \mu \mathrm{Ec}^3$$

第2章　GaN

表1　各種半導体材料の高出力デバイスとしての物性値と性能指数

材料	Eg eV	ε	μ cm²/Vs	Ec 10^6V/cm	vs 10^7cm/s	κ W/cmK	JFM $(Ecvs/\pi)^2$	KFM $\kappa(vs/\varepsilon)^{1/2}$	BFM $\varepsilon\mu Ec^3$	BHFM μEc^2
Si	1.1	11.8	1350	0.3	1.0	1.5	1	1	1	1
GaAs	1.4	12.8	8500	0.4	2.0	0.5	7.1	0.45	15.6	10.8
GaN	3.39	9.0	900	3.3	2.5	1.3	760	1.6	650	77.8
6H-SiC	3.0	9.7	450^a, 80^c	3.3	2.0	4.9	484	5.09	65	40.3
4H-SiC	3.26	9.7	1000^a, 1200^c	3.0	2.2	4.9	484	5.34	730	74.1
ダイヤモンド	5.45	5.7	3800	10	2.7	22	8100	34.6	50400	3130

Eg：バンドギャップ値，ε：比誘電率，μ：電子移動度，Ec：絶縁破壊電界，vs：電子飽和ドリフト速度，κ：熱伝導率，JFM：ジョンソン指数，KFM：キー指数，BFM：バリガ指数，BHFM：バリガ高周波指数，a：a軸方向，c：c軸方向．

である．Ecが大きいワイドバンドギャップ半導体では，BFM指標が非常に大きくできる．BFM指標はダイヤモンドが抜きん出て大きくGaN，SiCと続く．

　ワイドバンドギャップ半導体の出現で，より理想的デバイスとして将来大きく発展することが期待される．ワイドバンドギャップ半導体デバイスでは，広域な電圧領域でオン抵抗に占めるチャネル抵抗の割合は大きくなる．BFM指数の大きなGaNやダイヤモンドでは，特にこの傾向が強い．オン抵抗に占める活性層抵抗の割合が高いデバイスで縦型構造が高電流密度化の観点から有利であるが，チャネル抵抗が支配的な上記の半導体材料では，チャネル部分の通電のみをスイッチング制御する横型FET（LFET）が有利となる．図2にSi，SiC，GaNおよびダイヤモンドの横型FETのオン抵抗を理論的に比較した結果[3]を示す．AlGaN/GaN HEMTでは，数十Vから数kVの広範囲の電圧領域で1mΩcm²以下のオン抵抗が実現できる可能性がある．また，いずれの材料も低電圧領域になるに従いオン抵抗は収束する傾向にあり，数十V以下の領域ではSiも含めてデバイスの優劣を決めることは現段階では困難である．数十Vから数kVの広範囲の電圧領域で0.1mΩcm²から1mΩcm²のオン抵抗をもつ横型FETを実現するには，チャネル移動度，ノーマリオフ型の制御などの研究が必要である．

1.3　GaNの現状と課題

　GaN系半導体材料を用いた電子デバイスではAlGaN/GaN HEMT構造が用いられている．このAlGaN/GaN HEMTがGaAsやInP等の従来のIII-V族半導体を用いたHEMTと異なる点は，

① 高温でのエネルギーギャップ（Eg）が3.4eVと大きいので高耐圧，高温での動作が可能である．

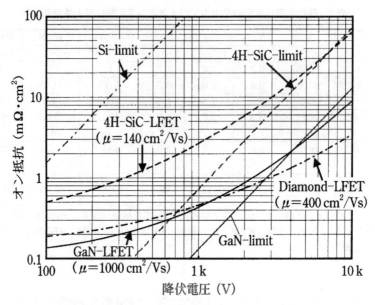

図2　各種半導体デバイスによる横型FETのオン抵抗の比較

② 電子のピーク速度が$2.8×10^7$cm/sと大きい。
③ ヘテロ界面に分極電荷が存在するため，AlGaN障壁層にn型不純物を添加しなくてもAlGaN/GaNヘテロ界面に二次元電子ガスが誘起される。
④ この結果，$1～2×10^{13}$cm^{-2}の高濃度の二次元電子ガスが存在する。この値はAlGaAs/GaAs HEMTに比べて約1桁大きな値である。これは，ノーマリオン型のHEMTは作製しやすいが，ノーマリオフ型のデバイスは作製しにくいということになる。

このようにAlGaN/GaN HEMT構造は，GaNの高い臨界電界と高い移動度をもつ二次元電子ガスを利用して，携帯電話用基地局などの高周波・高出力デバイスおよびモーター駆動や電源回路に用いるパワー半導体デバイスとしての研究開発が盛んに行われている。特に最近は，有機金属気相成長（MOCVD）法を用いてSiC基板としての良好な放熱特性を利用したAlGaN/GaN HEMT構造パワー半導体デバイスの研究が注目されている。さらに電界集中を避けるためのフィールドプレート構造を用いたAlGaN/GaN HEMTでは，耐圧600V／オン抵抗3.3mΩcm^{2}とSi-MOSFETの1/20の超低オン抵抗が実現されている。さらに，オン抵抗／耐圧のトレードオフが改善できるため，最適設計とコンタクト抵抗の低減などにより，600V耐圧素子でオン抵抗を0.5mΩcm^{2}まで低減できることが予測されている。600V耐圧素子で，300V印加した状態で850A/cm^{2}とSi-MOSFETの10倍の電流密度でのスイッチングが実現されている。さらに，DC-DCコンバータの連続運転を行い，入力電圧200V，スイッチング周波数500kHzでの動作が確認されている。

第2章 GaN

　AlGaN/GaN HEMT構造では，ピエゾ電荷によりヘテロ界面に大きな二次元電子ガスが形成されるため，ノーマリオフ型のデバイスが作製しにくいという欠点がある。しかし，最近では，チャネル層の薄膜化や歪の制御により，この問題を解決しようとしている。また，GaN系半導体を用いたパワーデバイスでは，基板としては放熱性の優れたSiC基板が用いられているが，基板価格およびサイズの点から問題がある。最近では，価格，サイズ，放熱性等の観点から生産性・量産性を考慮してSiを基板としたAlGaN/GaN HEMT[4]やLED[5]の研究が進められており，注目されている。

1.4　Si基板上へのGaN層ヘテロエピタキシャル成長

　ヘテロエピタキシャル成長技術を用いて，サファイア基板上にInGaN青色LEDが実現されて以来，この材料の有用性が認識され多くの研究開発が行われている。基板としては，サファイアやSiCが広く使用されている。図3にGaNを成長させる時に使用する各種基板のサイズ，コスト，熱伝導率，格子定数と熱膨張係数差を示す。サファイア結晶とGaN系結晶の格子不整合や熱膨張係数の差が大きいためサファイア上のGaN系結晶内には$10^9 \sim 10^{10} \mathrm{cm}^{-2}$という高密度の転位が観察されている。高品質GaN系結晶を得るためにSiC基板やGaN基板の利用も研究されているが，GaN基板はきわめて高価であり，SiC基板もGaN基板ほどではないがサファイア基板に比べれば高価で，マイクロパイプが存在するなど品質も安定せず，大面積基板を得ることはきわめて困難である。一方，大規模集積回路に使われているSiはきわめて高品質な結晶がサ

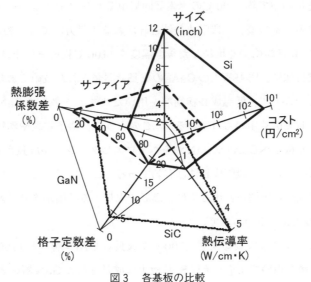

図3　各基板の比較

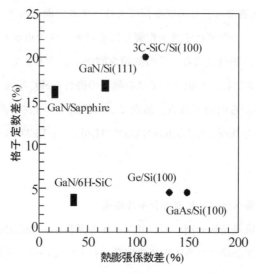

図4　各ヘテロエピタキシャル成長での格子定数と熱膨張係数の差

ファイアよりはるかに低価格で入手できる。図4にヘテロエピタキシャル成長における格子定数と熱膨張係数の差を示す。サファイアやSiC基板と比較して，Si基板上のGaN層の結晶成長では格子定数や熱膨張係数の不整合率が大きいため，高品質のGaN層を成長させるには適切な中間層が必要である。Si基板は，サファイア基板よりはるかに面積の大きな基板が容易に入手できるだけでなく，熱伝導が良く導電性制御も容易という特長をもつ。

　図5に示すようにMOCVD法を用いた成長シーケンスとしては主に2つの方法がある。いずれの場合も基板を反応炉の中で約1100℃の水素雰囲気中でサーマルクリーニングを行い，基板表面の酸化膜を除去する。その後，二段階成長法と呼ばれる成長方法では，約500℃で数十nm程度の低温成長させたGaN緩衝層を堆積した後，温度を1100℃程度まで上げて，GaN層を成長する。この二段階成長法は，Si基板上のGaAsの成長で開発された技術であり単結晶が簡単に成長しやすいということから[6]，低温成長緩衝層を用いたサファイア上のGaN層のヘテロエピタキシャル成長技術として広く用いられている[7]。このように，格子定数や熱膨張係数などの物性定数の大きく異なる基板上へGaAsやGaN層をヘテロエピタキシャル成長させるには，500℃程度の低温成長緩衝層を用いた二段階成長法は有効である。これに対して，基板表面のサーマルクリーニング後，低温成長緩衝層を使用せずに，高温で成長する技術があり，AlN層を中間層としたSiC上のGaN層の成長で用いられている。

　従来から使われている低温成長緩衝層（500℃で成長したAlN層）と1180℃の高温で成長したAlN/AlGaN中間層を用いて4インチ径Si基板上に成長させたGaN層の表面状態を比較すると，低温成長緩衝層はSi基板上のGaN層の成長に対しても有効であると考えられるが，低温成

第2章　GaN

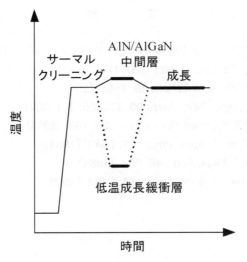

図5　MOCVD法を用いた成長シーケンス

長緩衝層を用いたGaN層の表面は荒れた状態になった。一方，高温成長AlN/AlGaN中間層を用いることによりGaN層の表面状態は顕著に改善された。この原因は，高温成長させた中間層が二次元成長するためSi基板表面を被覆することによりSiとGaの反応を抑制したためと考えられる[8]。一方，従来の低温成長緩衝層を用いた場合，表面状態が悪化した原因は，低温成長緩衝層がSi基板上に三次元的に島状成長するためSi基板表面を被覆することができず，その後1000℃以上でGaN層を成長する時のGaとSi基板との反応によるものと考えられる。このような成長方法を用いて，最近6インチSi基板上のGaNエピ開発がなされており，低コストを目指したデバイス開発の動きも活発になってきている。

1.5　まとめ

Siパワーデバイスは物性値による限界が顕在化しつつある。この限界を突破する新材料デバイスとして，ワイドバンドギャップ半導体を用いたパワーデバイスの現状と将来を展望し，今後の技術課題を述べた。特に，GaN系半導体材料は，携帯電話基地局用の高周波・高出力デバイスばかりでなく，電源用・電力変換用のデバイス材料として大きな可能性を秘めた材料である。

文　　献

1) 高橋清監修,「ワイドギャップ半導体光・電子デバイス」, p. 3, 森北出版 (2006)
2) 大橋弘道, 応用物理, **73** (12), 1571 (2004)
3) W. Saito et al., *Solid State Electron.*, **48**, 1555 (2004)
4) S. L. Selvaraj et al., *Appl. Phys. Lett.*, **90**, 173506-1 (2007)
5) T. Egawa et al., *IEEE Electron Device Lett.*, **26**, 169 (2005)
6) M. Akiyama et al., *Jpn. J. Appl. Phys.*, **23**, L843 (1984)
7) H. Amano et al., *Appl. Phys. Lett.*, **48**, 353 (1986)
8) H. Ishikawa et al., *Jpn. J. Appl. Phys.*, **38**, L492 (1999)

2　窒化物半導体の特性と評価

井手利英*

2.1　結晶構造

　窒化物半導体の結晶構造としては，六方晶のウルツ鉱型（Wurtzite）結晶構造と，立方晶の閃亜鉛鉱型（Zinc Blend）結晶構造の2種類が存在する。いずれも4配位結合を持ち，2つの原子間の結合が相対的に60度回転する場合としない場合の違いとなる。他のⅢ-Ⅴ族化合物半導体のGaAsやInPはイオン性が弱いため立方晶のZinc blend構造だが，窒化物半導体はややイオン性が強いため一般的にWurtzite構造となる。現在のGaNを主とした窒化物系デバイスはWurtzite構造の結晶で製作されているため，この章ではWurzite構造の物性について取り扱う。Zincblend形の物性については他の文献を参照して頂きたい[1]。図1にWurzite構造の面方位の関係と，窒化物半導体の原子配置模式図を示す。窒化物半導体は原子半径の小さい窒素を含むため，価電子を強く束縛していることにより特徴的な性質を示す。他の半導体Si，GaAs等と比べると原子間距離が小さいため原子間の結合が強い，格子定数が小さい，誘電率が低いなどが挙げられる。

　窒化物半導体を代表するGaN結晶と窒化物半導体デバイス構造の薄膜を作製する上で問題となるのが結晶成長用の基板である。現状ではGaN基板のコストが非常に高いため，サファイア，SiC，Siなどの異種材料基板にヘテロエピタキシャル成長している。サファイア基板（α-Al_2O_3）は初期の頃から多く用いられており，格子不整合は16%に及ぶがGaN低温バッファがブレークスルーとなり後のGaNデバイスの発展へつながった[2]。しかし，サファイアは熱伝導率が低くデバイスの放熱に問題が生じる。SiCは熱伝導度が高く格子不整合も少ないが，良質な基板が多く出回っていない上にコスト高なのが問題である。Si基板上へのGaN成長は近年研究が精力的に進められており，バッファ層の技術が大きく進歩してきている[3]。他の基板と比較すると基板品質とコストに優れ，放熱もSiCには及ばないが良好なため，今後の窒化物半導体デバイス用の基板として特に電子デバイス分野では大きな期待が寄せられている。

　窒化物半導体の主な結晶成長法としてはMetal Organic Chemical Vapor Deposition（MOCVD）法，Molecular Beam Epitaxy（MBE）法，Hydride Vapor Phase Epitaxy（HVPE）法が挙げられるが，窒化物系電子デバイス用の結晶作製に最もよく用いられているのはMOCVD法である。MBEは高い密度の反転ドメイン境界を多く含むためバッファ層での極性制御が必要な上に[4]，転位・欠陥密度が高いのが問題である。HVPEは高速成長が可能でレーザダイオード

＊　Toshihide Ide　㈱産業技術総合研究所　エネルギー半導体エレクトロニクス研究ラボ研究員

パワーエレクトロニクスの新展開

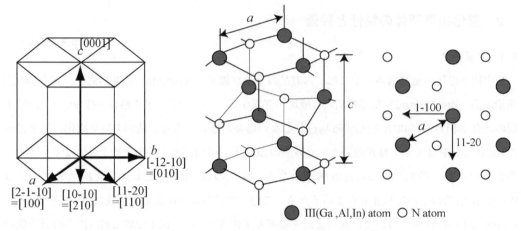

図1　Wurzite構造の面方位と窒化物半導体の原子配置

用の自立基板が主な用途であるが，電子デバイス向けの成長法としてはあまり用いられていない。これらの手法で得られた窒化物半導体の物性パラメータは基板との格子定数差に起因した歪，転位などさまざまな影響を受けている。これらの結晶は，主にX線回折による構造特性，ホール効果測定による電気特性，フォトルミネッセンスに代表される光学測定による光学特性などで評価される。

　窒化物半導体は直接遷移型バンド構造であり，バンドギャップはGaN，AlN，InNとその混晶の組成に応じて0.7から6.2eVの値をとる。InNは初期の研究では1.9eVと言われていたが近年0.7eV付近の値が多く報告されてきた[5]。これは光の波長にすると近赤外から遠紫外に及ぶ。図2に窒化物半導体とその混晶による格子定数とバンドギャップエネルギーを，図3にGaNのエネルギーバンド構造を示す[6]。表1に代表される窒化物半導体，GaN，AlN，InNの主な結晶構造パラメータを示す[1,7,8]。

2.2　窒化物半導体の電気的性質

　本項では代表的な窒化物半導体（GaN，AlN，InN）の電気物性について説明する。この節に示した電気特性の計算値は主に文献[1,8]から引用した。

　図4はGaNのΓ-A，Γ-M結晶軸方向への印加電界に対する電子のドリフト速度の計算値を示している[8]。Γ-A方向とΓ-M方向の特性には若干の異方性が見られる。電界強度200〜300kV/cmで電子速度は2.5×10^7cm/s〜2.8×10^7cm/sのピーク速度に到達し，それより高い電界強度では1.5×10^7cm/s以下へと減少していく。これは多くのグループが報告している測定結果と一致している。図5はドープ濃度，温度，面内転位密度を関数として計算した低電界電子移

第2章　GaN

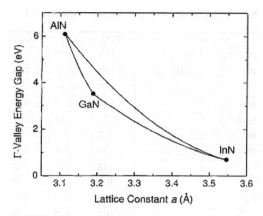

図2　窒化物半導体の格子定数とバンドギャップエネルギー

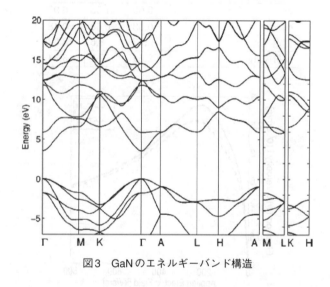

図3　GaNのエネルギーバンド構造

動度を示している。転位密度が増えると帯電した転位に伴うキャリアのクローン相互作用によって移動度が減少する。図5で得られた電子移動度は実験結果と良く一致している[9]。

　p型GaNの電気特性については，高品質な結晶を得られていないため未解明な点も多い。特に高性能のバイポーラトランジスタに用いるにはさらなるドーピング技術の改良が必要とされている。代表的なpドーパントであるマグネシウムを用いた場合，その活性化エネルギーは価電子帯頂上から150〜250meVの範囲と高い値になる。よって，活性化率10％という報告はあるものの[10]，典型的には300Kで1％付近の低い値となる。このため，正孔濃度10^{17}〜10^{18}cm^{-3}を得るためには10^{19}〜10^{20}cm^{-3}という高濃度のアクセプタが要求される。この高ドープ濃度のために輸送特性は劣化し，実験的に報告された正孔移動度の値は10〜100cm^2/Vsと小さい[11]。一方，計算による正孔速度の電界強度依存性の理論値では，Γ-A，Γ-M方向とも速度特性の差は少な

表1 窒化物半導体の主な結晶構造パラメータ[1,7,8]

Parameters	GaN	AlN	InN
格子定数 a @300K [Å]	3.189	3.112	3.545
格子定数 c @300K [Å]	5.185	4.982	5.703
バンドギャップ E_g [eV]	3.437	6.20	0.76
密度 (g/cm^3)	6.087	3.230	6.810
有効質量	0.21	0.32	0.07
熱伝導率 [W/cmK]	1.3	2.9	0.8
弾性定数 C_{11} [GPa]	390	396	223
C_{12}	145	137	115
C_{13}	106	108	92
C_{33}	398	373	224
C_{44}	105	116	48
圧電定数 e_{13} [C/m^2]	-0.33	-0.48	-0.57
e_{33}	0.65	1.55	0.97
e_{15}	-0.33	-0.58	-0.48
誘電率 ε_r	9.7	8.5	13.52
屈折率 n_R	2.54	2.1	3.34

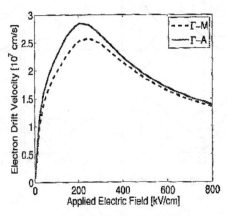

図4 GaNの電子速度—電界依存性

く、電界強度に対して正孔速度は単調に増加し、800kV/cmで $1.1 \sim 1.2 \times 10^7$ cm/sの値が得られている。

　AlNはサファイア基板のバッファ層、多重量子井戸デバイスの障壁層、デバイスの表面保護、他にも多くの用途として電子デバイス、光デバイスともに用いられる。図6はAlNのΓ-M, Γ-A方向について計算した電子の定常状態でのドリフト速度を示している。ドーピング濃度は $N_d = 10^{17}$cm^{-3}, $T = 300$Kを仮定した。異方性は少なく、ピーク速度は電界強度400kV/cm付近で $2.0 \sim 2.2 \times 10^7$cm/sである。図7は温度、ドーピング濃度、転位密度に対する電子移動度を示している。AlNの室温での電子移動度は不純物濃度に依存して $200 \sim 500$cm^2/Vsの値となって

第2章 GaN

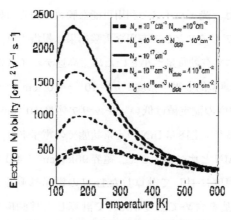

図5 GaNの電子移動度の温度依存性

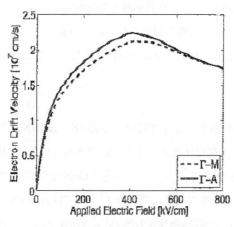

図6 AlNの電子速度—電界依存性

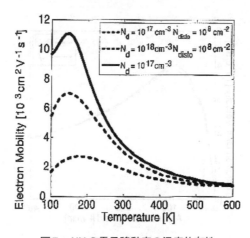

図7 AlNの電子移動度の温度依存性

いる。p型のAlNについては，光デバイスで利用可能な膜質は得られ始めているがその正孔移動度は一桁程度であり，電子デバイスとして有用な実験結果は報告されていない。

　InNはGaNやAlNと比べて有効質量が小さいため，高速デバイスの材料として期待されている。しかし，結晶成長後の典型的な電子濃度が$n = 10^{18} \sim 10^{19} \mathrm{cm}^{-3}$と高濃度で転位・欠陥も多いため，実験的な電子移動度の測定値は低い。キャリア密度$10^{18}\mathrm{cm}^{-3}$以下でも電子移動度は1000cm^2/Vsに留まっている[12]。図8はInNの定常状態での電子ドリフト速度を示している。電子のピーク速度はGaNやAlNと比べて大きく，電界90kV/cmで4.0×10^7cm/s付近にまで達する。図9は転位，不純物濃度に対して計算したInNの電子移動度を示している。面内密度$10^8\mathrm{cm}^{-2}$の転位による散乱を含めて温度300Kで計算した移動度の値は，電子濃度$10^{17} \sim 10^{18}\mathrm{cm}^{-3}$での測定値に近いものとなっている[13]。p型InNについては前述の通り，元のInNが高濃度のn型のために成膜が難しく，正孔移動度を測定する上でもホール測定が困難であったが，近年ではp型InNの実験的な電気特性も報告され始めている。

　表2にこれまで述べた窒化物半導体の主な電気物性値についてまとめた[1, 7, 8]。

2.3 混晶

　窒化物半導体の代表的な混晶としてはAlGaN，InGaN，AlInNが挙げられる。これらの材料はGaNを中心としたさまざまな窒化物デバイスに応用されている。AlGaNはGaNのヘテロ構造用の材料として初期から用いられてきた。その用途はGaNやInGaNの量子井戸の障壁層や結晶成長時のバッファ層などさまざまである。電子デバイスではAlGaN/GaN HEMTの障壁層として最も多く用いられる。成長温度はGaNよりも高い。GaNとのヘテロ構造を形成する際，Al組成30％以上になると良質な結晶の形成が困難になる。InGaNは発光デバイスの活性層に用いら

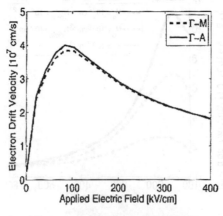

図8　InNの電子速度—電界依存性

第2章　GaN

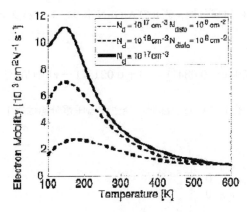

図9　InNの電子移動度の温度依存性

れる材料である。In原子に起因した局在化の効果により，従来の発光デバイスの半導体材料と比べて結晶欠陥が高いにもかかわらず高い発光効率が得られる。電子デバイスでは主にキャップ層，チャネル層に用いられる。InAlNは$x=0.83$でGaNに格子整合する。近年，光デバイスにおいては深紫外デバイス用に，電子デバイスではHEMTの障壁層として研究が進められている。

混晶の物性パラメータはGaN，AlN，InNの物性値からベガード則により算出する。誘電率や格子定数のように線形のベガード則で充分な物性パラメータもあるが，単純な線形にフィッティングできない場合はボウイングパラメータを取り入れる必要がある。2種類の材料A，Bの組成比が$1-x:x$の混晶のある物性パラメータPは，ボウイングパラメータbを含めると以下の式で示される。

$$P(A_{1-x}B_x)=(1-x)P(A)+xP(B)-bx(1-x) \tag{1}$$

表3には推奨される各混晶のバンドギャップと自発分極のボウイングパラメータをまとめた[8]。

2.4　分極

窒化物半導体は窒素原子の高い電気陰性度と反転対称性のないWurzite構造により強い分極を示す。分極には自発分極とピエゾ電界分極の2種類がある。自発分極は，界面に歪がなくても非対称的な原子構造のために分極している場合をいう。一方，界面における結晶構造の歪によって生じる分極が圧電分極であり，そのとき発生する電界をピエゾ電界という。図10に各窒化物半導体材料によるヘテロ構造と発生する分極について示す。

三元混晶の各組成での自発分極については構成する二元化合物の自発分極と混晶のボウイングパラメータを用いて計算できる。例として，c面上AlGaNにおける自発分極のAl組成依存性は

表2に示したGaNとAlNの自発分極，表3のAlGaNボウイングパラメータの値を式（1）に用いることで与えられる。

$$P^{sp}_{AlxGa1-xN}(x) = -0.090x - 0.034(1-x) + 0.021x(1-x) \ [\mathrm{C/m^2}] \tag{2}$$

一方，基板に擬似格子整合している上部層に発生する圧電分極は以下の式で表される。

$$\begin{pmatrix} P_x \\ P_y \\ P_z \end{pmatrix} = \begin{pmatrix} 0 & 0 & 0 & 0 & e_{15} & 0 \\ 0 & 0 & 0 & e_{15} & 0 & 0 \\ e_{13} & e_{13} & e_{33} & 0 & e_{15} & 0 \end{pmatrix} \begin{pmatrix} \varepsilon_{xx} \\ \varepsilon_{yy} \\ \varepsilon_{zz} \\ \varepsilon_{yz} \\ \varepsilon_{zx} \\ \varepsilon_{xy} \end{pmatrix} \tag{3}$$

ここでeは表1に示した圧電定数である。通常のc面上AlGaN/GaN構造では圧電分極はz方向に生じ，式（3）のP_zが該当する。εは歪量であり，この場合は2軸性応力なので以下のように与えられる。

$$\varepsilon_{xx} = \varepsilon_{yy} = \frac{a_s - a_e}{a_e}, \quad \varepsilon_{zz} = -\frac{2C_{13}}{C_{33}} \varepsilon_{xx}, \quad \varepsilon_{yz} = \varepsilon_{zx} = \varepsilon_{xy} = 0 \tag{4}$$

ここでCは表1に示した弾性定数である。圧電分極$P^{pz} = P_z$は面内歪量を$\varepsilon_\perp (= \varepsilon_{xx} + \varepsilon_{yy})$とおくと，

$$P^{pz} = P_z = \left(e_{13} - \frac{C_{13}}{C_{33}} e_{33} \right) \varepsilon_\perp \tag{5}$$

で与えられる。ここで歪量$\varepsilon_\perp$は界面を形成する下地基板の格子定数a_s，その上の層の格子定数をa_eを用いて以下で表せる。

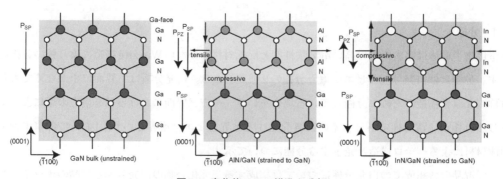

図10　窒化物ヘテロ構造と分極

第2章 GaN

表2 主な半導体と窒化物半導体の電気物性値[1, 7, 8]

Parameters	GaN	AlN	InN
絶縁破壊電界 [MV/cm]	3.3	11.7	2.0
電子の飽和ドリフト速度 [cm/s]	2.85×10^7	2.25×10^7	4.0×10^7
電子移動度 [cm²/Vs]	1000	450	3150
ホール移動度 [cm²/Vs]	70	70	35
自発分極 [C/m²]	−0.034	−0.090	−0.042

表3 各混晶のボウイングパラメータ[8]

Parameters	InGaN	AlGaN	InGaN
バンドギャップ (eV)	1.4	0.8	3.4
自発分極 (Cm^{-2})	−0.037	−0.021	−0.070

$$\varepsilon_\perp = \varepsilon_{xx} + \varepsilon_{yy} = 2\frac{a_s - a_e}{a_e} \tag{6}$$

GaNの上に積まれた$Al_xGa_{1-x}N$構造の場合は，GaNよりも格子間隔が小さいため面内に引張応力を受け，その歪量は式（6）より

$$\varepsilon_\perp = 2\frac{a_{GaN} - a_{AlxGa1-xN}}{a_{AlxGa1-xN}} \tag{7}$$

となる。同様にGaNの上に$In_xGa_{1-x}N$を形成した構造では上記の式の$a_{AlxGa1-xN}$を$a_{InxGa1-xN}$に代えることで計算できる。InGaNはGaNよりも格子間隔が小さいため圧縮応力を受ける。AlGaN/GaN構造での簡単な計算式として，GaN上に成長された擬似格子整合AlGaNを想定した以下の圧電分極の式がある[14]。

$$P^{pz}_{AlxGa1-xN}(x) = -0.0525x - 0.0282x(1-x) \ [C/m^2] \tag{8}$$

図11にAlGaN系ヘテロ構造でのAl組成に対する分極電荷の計算例を示す[15]。現在のデバイスシミュレータで窒化物デバイスの分極電界を自動的に解析に取り入れるものは少ない。多くの場合，分極の発生する半導体の上下界面にそれぞれシート固定電荷を自ら構造中に加える必要がある。

2.5 ヘテロ構造と2次元電子ガス

窒化物系電子デバイスでは，一般的にAlN，GaN，InNからなる三元混晶とGaNでヘテロ構造を形成する。主な組み合わせとしては，AlGaN/GaN，AlGaN/InGaN，AlInN/GaNが挙げら

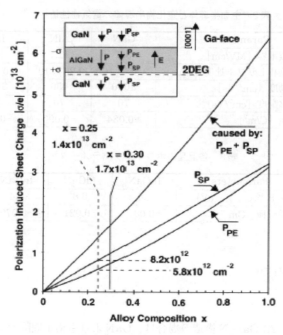

図11　AlGaN系ヘテロ構造でのAl組成に対する分極電荷[15]

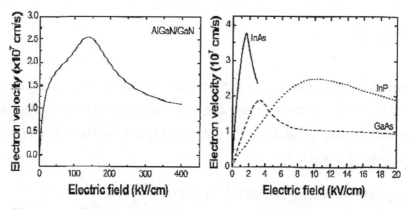

図12　GaNの電子速度—電界依存性と他の化合物半導体の電子速度—電界依存性

れる。電子デバイスで代表的なAlGaN/GaN構造の結晶成長の場合，サファイア，SiC，Siなどの基板とGaN間の格子不整合を補償するためのバッファ層が最初に成長され，続いて0.5～2μm厚の高抵抗GaN層が成長される。それから40nm以下の薄い$Al_xGa_{1-x}N$障壁層（典型的には$x<0.4$）が成長される。このヘテロ界面に高移動度の2次元電子ガスが形成される。図12にはAlGaN/GaN界面に発生する2次元電子ガスの電子速度の電界依存性を示す。右図には参照のためInAs，InP，GaAsの特性を示した。AlGaN/GaNでは約一桁大きい電界強度で速度ピークを示している。図13にAlGaN/GaN構造での2次元電子ガス移動度の温度依存性の一例を示

第2章 GaN

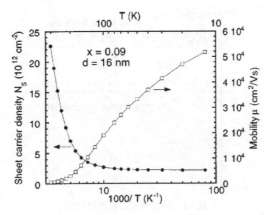

図13 2次元電子ガスの温度特性[16]

す[16]。これまでAlGaN/GaN構造で報告されている移動度の値としては，室温で1000〜2000cm²/Vs，数Kの低温では数万cm²/Vsが報告されている[17]。混晶の不規則配列による合金散乱を減らすことで移動度を向上させる構造として，AlGaN/AlN/GaN構造や[18]，AlN/GaN多層膜による擬似混晶AlGaN/GaN構造も報告されている[18]。

ゲート下の2次元電子ガスのキャリア濃度n_sはAlGaN組成xとゲート電圧の関数になっており，以下の式で計算できる[20]。

$$n_s(x) = \frac{\sigma_{AlGaN/GaN}(x)}{q} - \left(\frac{\varepsilon_{AlGaN}(x)}{t_{AlGaN}q^2}\right)\left[q(\phi_b - V_{GS}) + E_F - \Delta E_c\right] \quad (9)$$

ここでqは電荷，$\sigma_{AlGaN/GaN}$はAlGaN/GaN界面の分極電荷で

$$\sigma_{AlGaN/GaN} = (P_{GaN}^{sp} + P_{GaN}^{pz}) - (P_{AlGaN}^{sp} + P_{AlGaN}^{pz}) \quad (10)$$

である。t_{AlGaN}はAlGaNの膜厚，ε_{AlGaN}はAlGaNの誘電率，$q\phi_b$はAlGaN表面とゲート電極とのショットキー障壁高さ，V_{GS}はゲート印加電圧，E_Fはフェルミ準位，ΔE_cはAlGaNとGaNの間の伝導帯バンドオフセットである。

窒化物系HEMTは他の材料系のHEMTと異なり，チャネルに電子を誘起するための障壁層へのドーピングが必要ない。その理由として，表面欠陥がチャネルへのキャリア供給源のドナーとなっていることが指摘されている[16, 21]。AlGaN/GaN構造に発生する電荷分布の模式図を図14に示す。AlGaN層内には分極電荷が発生している。AlGaN表面にはキャリア供給源となるドナーが，AlGaN/GaN界面にはそのキャリアによって形成された2次元電子ガスが示されている。2次元電子ガスの電子は表面のドナーからAlGaN層の強い分極電界によってチャネルへ入り込んでいる。

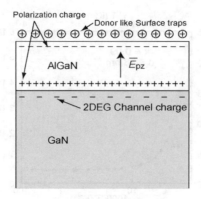

図14 電荷分布の断面模式図

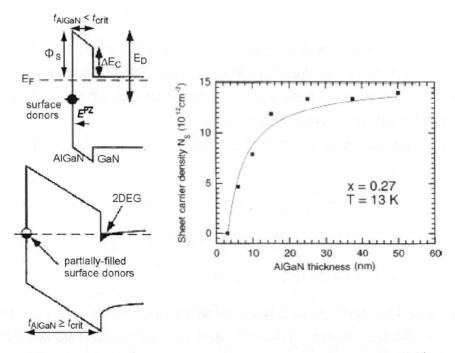

図15 AlGaN厚と表面トラップレベルがAlGaN/GaNヘテロ構造へ与える影響[16, 21]

　図15の左図はAlGaN膜厚に対する表面ドナーレベルと表面ポテンシャルの関係を示している[16, 21]。非常に薄いAlGaN厚では，表面ポテンシャルϕ_sは表面ドナーレベルE_Dの深さより小さいため，フェルミレベルは表面ドナーレベルよりも上になり，ドナーは電子で満たされて電気的に中性になる。AlGaN層が厚くなると，分極電界がϕ_sを増加させ，ある膜厚でϕ_sとE_Dが等しくなる。するとこれらのトラップ中の電子はチャネルへ移動し始め，2次元電子ガスが生成される。この臨界膜厚t_{crit}はE_Dとピエゾ電界E_{pz}の大きさの両方によって決定される。AlGaN膜厚が

第2章　GaN

t_{crit}よりも厚くなるとさらに多くの電子がチャネルへ移動し，最終的には表面ドナーレベル中の全ての電子がチャネルへ移動する。この時点で，AlGaN膜厚を増やしても電子は表面ドナーレベルからチャネルへ移動しなくなる。よって，AlGaN厚がある値以上になるとチャネルの電荷密度は飽和する。図15の右図はホール効果測定と理論計算によるt_{AlGaN}に対するn_sの値を示している[16]。実験と計算は良く一致しており，表面ドナーモデルの有用性が裏付けられている。

2.6　耐圧

トランジスタの耐圧特性は主に衝突イオン化によって決まる。衝突イオン化での電子・ホールペアの生成レートは以下のように与えられる。

$$G = \alpha_n \frac{J_n}{q} + \alpha_p \frac{J_p}{q} \tag{11}$$

ここでα_nとα_pは電子とホールの衝突イオン化係数でJ_nとJ_pはそれぞれ電子とホールの電流密度である。これらの係数の値は電界と格子温度の関数である。AlGaN/GaN HEMTの衝突イオン化については，温度依存を考慮しない場合での衝突イオン化係数が実験的に示されている[22]。一般的なMESFETの衝突イオン化電流I_{hole}は以下の式で表される[23]。

$$I_{hole} = W_g \iint \alpha_n(E) J_n dx dy \approx \alpha_n(E_{max}) I_d L_{eff} \tag{12}$$

ここでI_dはドレイン電流，L_{eff}は高電界領域の長さである。E_{max}はドレイン電圧V_{ds}とドレインの飽和電圧V_{dsat}を用いて$E_{max} = (V_{ds} - V_{dsat})/L_{eff}$と表せる最大電界である。式（12）を元に，MESゲートでの衝突イオン化係数を実験的に求める式が導出できる。

$$\alpha_n(E_{max}) \approx \frac{I_{hole}}{I_{ds} \times L_{eff}} \approx \frac{I_g}{I_{ds} \times L_{eff}} \tag{13}$$

ここでI_gはショットキー逆方向リーク電流がI_{hole}と比べて少ないと仮定したときのゲート電流である。得られた衝突イオン化係数の電界依存性は以下の式にフィッティングされる。

$$\alpha_{n,p}(E) = \alpha_{n,p}^\infty \exp\left[-\left(\frac{E_{n,p}^{crit}}{E}\right)\right] \tag{14}$$

文献22）では実験値として$\alpha_n^\infty = 2.9 \times 10^8 cm^{-1}$，$E_n^{crit} = 3.4 \times 10^7 V/cm$が得られており，六方晶GaNの衝突イオン化のモンテカルロシミュレーションから得られた電子の衝突イオン化係数[24]と良い一致を示している。

パワーエレクトロニクスの新展開

文　　献

1) J. H. Edgar, "Properties of Group III Nitrides", Inspec, (1994)
2) S. Nakamura, *Jpn. J. Appl. Phys.*, **30**, L1705 (1991)
3) J. D. Brown, R. Borges, E.L. Piner, A. Vescan, S. Singhal, and R. Therrien, *Solid State Electron.*, **46**, 1535 (2002)
4) X.-Q. Shen, T. Ide, S.-H. Cho, M. Shimizu, S. Hara, H. Okumura, S. Sonoda, and S. Shimizu, *Jpn. J. Appl. Phys.*, **39**, L16 (2000)
5) T. Inushima, V. V. Mamutin, V. A. Vekshin, S. V. Ivanov, T. Sakon, M. Motolawa, and S. Ohoya, *J. Cryst. Growth*, **227-228**, 481 (2001)
6) M. Goano, E. Bellotti, E. Ghillino, G. Ghione, and K.F. Brennan, *J. Appl. Phys.*, **88**, 6467 (2000)
7) H. Okumura, *Jpn. J. Appl. Phys.*, **45**, 7565 (2006)
8) J. Piprek, "Nitride Semiconductor Devices: Principles and Simulation", WILEY-VCH, (2007)
9) D. Look, *Phys. Rev. Lett.*, **82**, 1237 (1999)
10) A. Bhattacharyya, W. Li, J. Cabalu, T. Moustakas, D. Smith, and R. Hervig, *Appl. Phys. Lett.*, **85**, 4956 (2004)
11) P. Kozodoy, H. Xing, S. DenBaars, U. Mishra, A. Saxler, R. Perrin, S. Elhamri, and W. Muitchel, *J. Appl. Phys.*, **87**, 1832 (2000)
12) T.-C. Chen, C. Thomidis, J. Abell, W. Li, and T. Moustakas, *J. Cryst. Growth*, **288**, 254 (2006)
13) H. Lu, W. Schaff, L. Eastmann, J. Wu, W. Walukievicz, D. Look, and R. Molnar, *MRS Symposium Proceedings*, **743**, L4.10.1 (2003)
14) O. Ambacher, M. Eickhoff, A. Link, M. Hermann, M. Stutzmann, F. Bernardini, V. Fiorentini, Y. Smorchkova, J. Speck, U. Mishra, W. Schaff, V. Tilak, and L. F. Eastman, *phys. status solidi (c)*, **6**, 1878 (2003)
15) O. Ambacher, J. Smart, J.R. Shealy, N.G. Weimann, K. Chu, M. Murphy, W.J. Schaff, L. F. Eastman, R. Dimitrov, L. Wittmer, M. Stutzmann, W. Rieger, and, J. Hilsenbeck, *J. Appl. Phys.*, **85**, 3222 (1999)
16) I. P. Smorchkova, C. R. Elsass, J. P. Ibbetson, R. Vetury, B. Heying, P. Fini, E. Haus, S. P. DenBaars, J. S. Speck, and U. K. Mishra, *J. Appl. Phys.*, **86**, 4520 (1999)
17) R. Gaska, M. S. Shur, A. D. Bykhovski, A. O. Orlov, and G. L. Snider, *Appl. Phys. Lett.*, **74**, 287 (1999)
18) T. Ide, M. Shimizu, S. Hara, D.-H. Cho, K. Jeganathan, X.-Q. Shen, H. Okumura, and T. Nemoto, *J. Jpn. Appl. Phys.*, **41**, 5563 (2002)
19) Kawakami, X.Q. Shen, G. Piao, M. Shimizu, H. Nakanishi, and H. Okumura, *J. Cryst. Growth*, **300**, 168 (2007)
20) E. T. Yu, G. J. Sullivan, P. M. Asbeck, C. D. Wang, D. Qiao, and S. S. Lau, *Appl. Phys. Lett.*, **71**, 2794 (1997)
21) J. P. Ibbetson, P. Fini, K. D. Ness, S. P. DenBaars, J. S. Speck, and U. K. Mishra, *Appl.*

Phys. Lett., **77**, 250 (2000)
22) K. Kunihiro, K. Kasahara, Y. Takahashi, and Y. Ohno, *IEEE Electron Dev. Lett.*, **20**, 608 (1999)
23) K. Hui, C. Hu, P. George, and P. K. Ko, *IEEE Electron Device Lett.*, **11**, 113 (1990)
24) J. Kolnik, I.H. Oguzman, K.F. Brennan, R. Wang, and P.P. Ruden, *J. Appl. Phys.*, **81**, 726 (1997)

3　Si基板上AlGaN/GaNパワーデバイス

田中　毅*

3.1　はじめに

　GaN系半導体はワイドギャップ材料であり絶縁破壊電界が大きいことに加えて飽和電子速度が大きく，パワースイッチング応用に向け期待されている。このように優れた材料物性を活かして，より高耐圧で低損失のパワーデバイス実現が可能であると期待される。しかしながら，これまでに報告のある高性能のAlGaN/GaNヘテロ接合トランジスタは高価なSiC基板上に形成されている場合が多く，現在のSi系デバイスを置き換えて普及させることは困難であると思われる。このため，GaN系トランジスタをパワースイッチングデバイスとして実用化するためには耐圧・オン抵抗といったデバイス特性の向上に加えて，低コスト化が非常に重要となっている。本節では，低コスト化をSi基板上のGaN系トランジスタ技術について紹介する。安価で大面積のSi基板上にGaN系トランジスタを作製することで，大幅なコスト低減が期待できる。さらに実用上の大きな課題であるノーマリオフ動作について，独自のホール注入型構造によりこれを実現した結果についても合わせて紹介する。

3.2　低コストSi基板上AlGaN/GaNパワーデバイス

　GaNの結晶成長に対してはこれまでは格子定数や熱膨張係数の差を考慮しサファイアやSiC基板が用いられてきたが，最近になって，格子不整合は17%と大きいながらもSi（111）基板上に結晶性の良好なAlGaN/GaNヘテロ接合構造がMOCVD（Metal Organic Chemical Vapor Deposition：有機金属気相成長）法によりエピタキシャル成長できることが判ってきた[1]。図1，図2はそれぞれ，Si基板上にて良好なAlGaN/GaNヘテロ接合を結晶成長するための層構造及びそのX線回折パターンである。Si中へのGa拡散を抑制する目的でAlGaN/AlNを初期層とし，格子不整及び熱的不整を緩和する目的でAlN/GaN周期構造が挿入されていることが特徴である。X線回折パターンにおいては良好な周期性を裏付ける高次のサテライトピークが得られている。現状で図3に外観を示す通り，最大6インチ基板上に鏡面クラックフリーの結晶成長が確認できている。このSi基板上のAlGaN/GaNでの移動度とシートキャリア濃度の面内均一性をまとめたものが図4である。最大で1653cm^2/Vsecという大きな移動度と良好な面内均一性が得られている。

　以下に，このように優れた材料特性を有するSi基板上のAlGaN/GaNヘテロ接合を用いた大電

---

*　Tsuyoshi Tanaka　パナソニック㈱セミコンダクター社　半導体デバイス研究センター所長

第2章 GaN

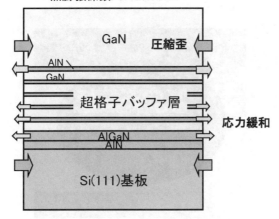

図1 Si基板上AlGaN/GaN HFETのエピタキシャル結晶構造

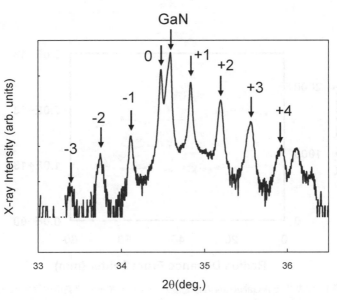

図2 Si基板上AlGaN/GaN HFETのエピタキシャル結晶のX線回折パターン

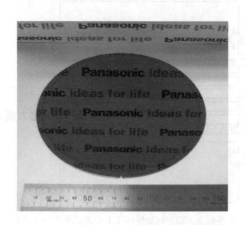

図3　Si基板上AlGaN/GaN HFETエピタキシャル成長ウエハの外観写真

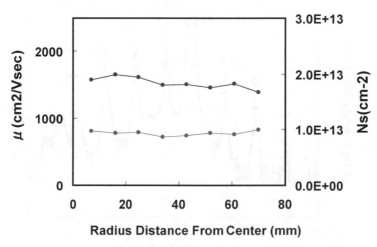

図4　Si基板上AlGaN/GaNの移動度及びシートキャリア濃度の面内均一性

第2章　GaN

流パワートランジスタを作製した結果についてまとめる[2]。ここでは，AlGaN/GaN HFETが横型デバイス構造であるために，チップサイズあるいは配線抵抗が大きくなってしまうという課題について，より小さなチップ面積で低抵抗なトランジスタを実現できるデバイス構造を提案した。図5は新たに提案するソースビア接地構造の断面図，図6はその断面SEM写真である。ソース電極をGaN中に形成したビアホールを介して導電性Si基板と接続している。これにより表面側でのソース電極の面積を大幅に低減しチップ面積を小さくできると同時に，裏面フィールドプレート効果により高耐圧化が実現できていることが特徴である。裏面フィールドプレート効果は図7に示すポテンシャル分布の2次元シミュレーション結果から確認できる。図7(a)は絶縁性基板を用いたポテンシャル分布，図7(b)は導電性Si基板上のソースビア接地構造を用いた場合である。ここではソースビア接地構造により，ゲート・ドレイン電極間のポテンシャル勾配が緩和される様子が分かる。ゲート電極のドレイン端における電界強度のピークは約45％低減できており，導電性基板が電界緩和のためのフィールドプレートとして機能していることが確認できた。

このデバイス構造を用いて図8にそのチップ写真を示すゲート幅500mmの大電流トランジスタを作製した。作製したデバイスは最大電流が150Aと非常に大きく，$1.9m\Omega cm^2$の低オン抵抗RonAと350Vの高耐圧が確認できた（図9に電流―電圧特性を示す）。このような大電流チップを再現性良く実現できることは低コスト化に加えてSi基板を用いる利点と考えられる。上記の

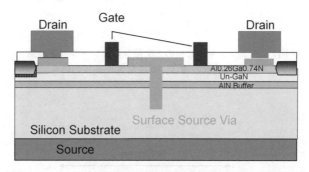

図5　ソースビア接地構造を有するAlGaN/GaN HFETの断面図

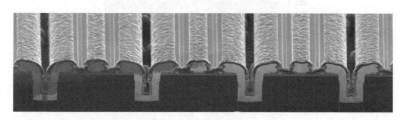

図6　ソースビア接地構造を有するAlGaN/GaN HFETの断面SEM写真

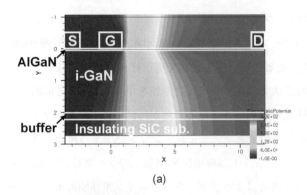

(a)

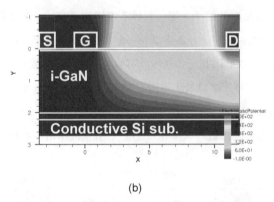

(b)

図7 ポテンシャル分布の2次元シミュレーション結果
(a)絶縁性基板の場合，(b)導電性Si基板の場合

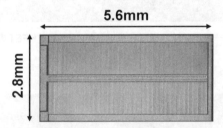

図8 ゲート幅500mmを有するAlGaN/GaN HFETのチップ写真

第2章　GaN

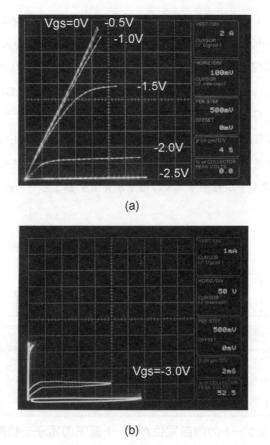

図9　作製した大電流 AlGaN/GaN HFET の電流―電圧特性
(a) I_{ds}-V_{ds} 特性，(b) オフ耐圧特性

通り，Si基板上のGaN系トランジスタはパワースイッチング応用での実用化に向けて極めて有望であるといえる。

3.3　ノーマリオフ動作ホール注入型トランジスタ―Gate Injection Transistor―

前述の通り，パワースイッチング応用に向けて有望であるGaN系トランジスタであるが，システムの安全性や現状のSiデバイスを置き換えるという点でゲート電極に電圧を印加しない状態では電流が流れない，いわゆるノーマリオフ動作が強く求められる。しかしながら，GaN系トランジスタで用いられるAlGaN/GaNヘテロ接合においては材料特有の分極によって生じる内部電界の結果生じる高濃度の2次元電子ガスを利用しているために，ゲート電極下の電子濃度を減少させてノーマリオフ化を実現することが非常に困難であった。ノーマリオフ動作を実現するためにはAlGaNの薄膜化やAl組成低減による方法が一般的であるが，最大ドレイン電流が減少

し、オン抵抗が増大してしまうという問題があった[3,4]。パナソニックではこの問題を解決するために、AlGaN/GaNヘテロ接合上にゲートとしてポテンシャル障壁の大きなp型AlGaNを積層しノーマリオフ動作を実現すると共に、ゲートからのホール注入によりチャネル部に伝導度変調を生じさせて大きなドレイン電流を実現する新たな動作原理に基づくGaN系トランジスタを開発した。このデバイスをGate Injection Transistor（GIT）と名付けた[5]。

　図10はGITの断面構造と動作原理を説明する図である。ゲート電圧0Vではp型AlGaN層がチャネルのポテンシャルを持ち上げるためドレイン電流は流れない。さらに正のゲート電圧を印加するとチャネルの電位が下がりチャネルに電子が発生することで、通常のFETと同様にドレ

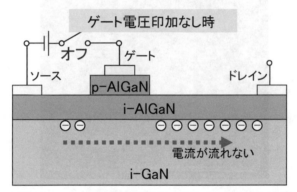

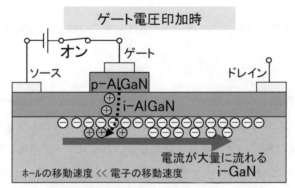

図10　Gate Injection Transistor の動作原理

第2章 GaN

イン電流が流れる。さらにゲート電圧を増加させていくとゲートからチャネルにホールが注入され始める。このとき電子はヘテロ接合のポテンシャル障壁があるため，ゲートへはほとんど流入しない。チャネル内には電荷中性条件を満たすために，注入されたホールと同量の電子が生成される，いわゆる伝導度変調が生じる。生成された電子はドレイン電圧によりドレインに向かって移動するが，ホールは電子よりも移動度が3桁程度小さいためにゲート近傍に留まることとなる。この結果，ゲート電流がほとんど流れない状態でドレイン電流だけが増大することとなり，ノーマリオフ動作で大電流が可能な低オン抵抗GaN系トランジスタを実現することが可能となる。

図11はSi基板上に作製したGITの断面SEM写真である。このGITのI_{ds}-V_{ds}特性とオフ耐圧特性を図12に示す。しきい値電圧＋1V，最大ドレイン電流200mA/mm，オン抵抗2.6mΩcm^2，オフ耐圧800Vの特性を実現した。図13はこのGITのI_{ds}-V_{gs}特性とg_m-V_{gs}特性（g_m：相互コンダクタンス）を，従来のMESFETと比較してまとめたものである。ここではGITではゲート電圧として最大6V程度まで印加可能であり，またg_mのV_{gs}依存性において高電圧側に，2つ目のピークが観測されることが確認できた。これはホール注入による伝導度変調効果によりドレイン電流がさらに増加していることを示すものであり，前述の伝導度変調の実験的な証拠の一つといえる。同様のホール注入はGITに正のゲート電圧を印加した場合のEL（Electroluminescence）発光解析でも確認できている。今回作製したGITはこれまでに報告のあるノーマリオフAlGaN/GaNトランジスタの中で最も良好なオン抵抗・耐圧特性を示している。

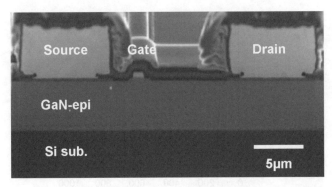

図11　Si基板上GITの断面SEM写真

3.4 まとめ

GaN系トランジスタのパワースイッチング応用を目指して大面積Si基板上のMOCVD結晶成長技術を確立し，低コスト化に目処をつけた。このSi上に最大電流150Aと大きなAlGaN/GaN HFETを作製し，低オン抵抗・高耐圧動作を確認した。ここではチップサイズ及び配線抵抗低減を目指したソースビア接地構造と呼ばれる新しいデバイス構造を提案した。さらに実用上大きな課題となるノーマリオフ動作の実現に向けて，Gate Injection Transistorと呼ばれるホール注入による伝導度変調を活用した新規動作原理を提案した。Si上のGITにおいて，しきい値電圧1V,

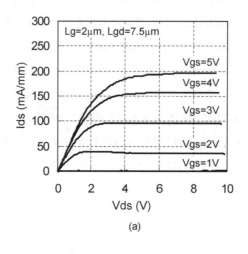

(a)

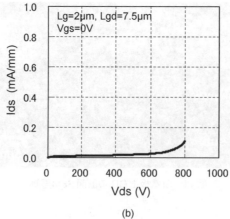

(b)

図12 作製したGITの電流―電圧特性 (a)I_{ds}-V_{ds}特性，(b)オフ耐圧特性。

第2章　GaN

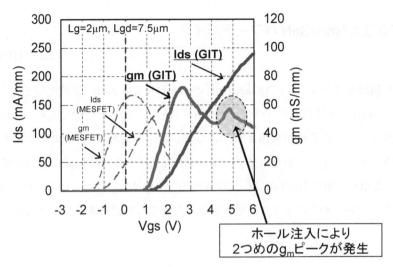

図13　作製したGIT及び従来のショットキーゲートHFETのI_{ds}-V_{gs}及びg_m-V_{gs}特性

オン抵抗RonA 2.6mΩcm^2，最大ドレイン電流200mA/mm，耐圧800Vとノーマリオフ動作を保ちつつ，低オン抵抗・大電流かつ高耐圧を実現した。以上の結果はGaN系トランジスタの実用化課題の大部分を解決するものであり，これらが将来の高出力・低損失パワー半導体の中心的存在として成長することを期待したい。

文　　　献

1) H. Ishikawa *et al.*, *Jpn. J. Appl. Phys.*, **38**, L492（1999）
2) M. Hikita *et al.*, *IEEE Trans. Electron Devices*, **52**, 1963（2005）
3) N. Ikeda *et al.*, Proceedings of 2004 International Symposium on Power Semiconductor Devices & ICs, pp. 369-372（2004）
4) W. Saito *et al.*, *IEEE Trans. Electron Devices*, **53**, 356（2006）
5) Y. Uemoto *et al.*, *IEEE Trans. Electron Devices*, **54**, 3393（2007）

4 超高耐圧AlGaN/GaNパワーデバイス

田中　毅*

4.1　はじめに

　GaNは絶縁破壊電界が大きく，AlGaN/GaNのヘテロ接合界面には高濃度の2次元電子ガスを有するため，高耐圧・大電流のパワーデバイス用材料として非常に有望である。これまでに高耐圧・低オン抵抗の良好な特性が報告されているが，耐圧の最高値は1900Vにとどまっておりのポテンシャルを十分に引き出せていないのが現状である[1]。本節では，GaNの材料物性を最大限に引き出した耐圧10,000V以上の超高耐圧AlGaN/GaNトランジスタについて紹介する。この結果は，GaNがこのような高耐圧応用に向けても有望であることを初めて確認したものである[2]。

4.2　超高耐圧化デバイス技術

　これまでの報告からAlGaN/GaNヘテロ接合トランジスタ（HFET）のオフ耐圧はゲート―ドレイン間距離L_{gd}を伸ばすことで直線的に増加することが確認されている。しかしながらデバイス表面にドレイン配線を配置した場合，1,000V以上の電圧が印加されると層間絶縁膜・パッシベーション膜の絶縁破壊が起こり耐圧はL_{gd}を伸ばしても飽和してしまい，これ以上の高耐圧化が困難である。図1に示す新たなデバイス構造によれば，この課題を解決し最大で10,400Vのオフ耐圧を実現することが可能となる。高耐圧化を実現するために，ドレイン電極を表面側に配置せずサファイア基板を貫通するビアホールを介して裏面側に接続し，さらにパッシベーション膜として絶縁破壊電界の大きな多結晶AlNを使用した。以下にこれらのデバイス・プロセス要素技術について解説する。

　化学的に安定なサファイア基板へのビアホールの形成は通常のドライエッチやウェットエッチでは困難なため，今回新たに高出力パルスレーザによりビアホールを形成する，いわゆるレーザドリル技術を開発した。サファイア基板の表面側からV字型の溝を形成し，さらに金属配線の形成，サファイア基板薄膜化，裏面電極形成という工程でビアホールを形成する表面ビアホール形成プロセスを確立した。図2は作製したビアホールの断面SEM写真である。100μm厚のサファイア基板にビアホールを形成できていることが分かる。

　高耐圧化を実現する技術として従来からフィールドプレート構造が採用されてきたが数1,000V以上のドレイン電圧が印加された場合には，より絶縁破壊電界の大きなパッシベーショ

---

*　Tsuyoshi Tanaka　パナソニック㈱セミコンダクター社　半導体デバイス研究センター所長

第2章　GaN

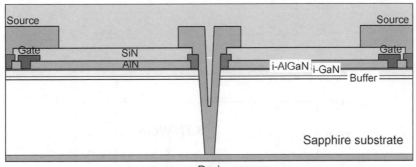

図1　高耐圧AlGaN/GaN HFET構造の断面図

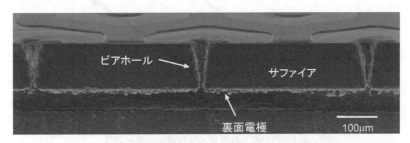

図2　サファイアに形成されたビアホールの断面SEM写真

ン膜が必要となる。今回採用した多結晶AlN膜はDCスパッタ法により形成され，図3のMIM（金属—絶縁膜—金属）構造に対する電流—電圧特性より明らかな通り，従来のプラズマCVD法によるSiN膜と比較して大きな絶縁破壊電界5.7MV/cmを確認できた。このAlN膜は高耐圧化に寄与するだけでなく，ドレイン電流を増加させオン抵抗を低減し，さらにGaN系トランジスタの課題の一つである電流コラプスを抑制する効果もあることが確認できている。またAlNは従来のSiNパッシベーションと比較して熱伝導率が200倍以上大きく表面熱放散の効果によって熱抵抗低減に効果のあることも明らかになっている[3]。

4.3　超高耐圧AlGaN/GaNトランジスタの特性

作製した超高耐圧AlGaN/GaN HFETは図4にそのチップ写真を示す通り，円形電極の基本セルを六方最密充填となるように配置したHFETアレイである。ゲート電極周辺の断面SEM写真を合わせて図5に示す。

試作したHFETのオフ耐圧は図6に示すようにゲート—ドレイン間距離L_{gd}の伸張に合わせて増加しているが，SiNパッシベーション膜を用いた場合は3,000V程度で飽和する傾向を示した。一方，絶縁破壊電界の大きなAlNパッシベーションとした場合には飽和せず，$L_{gd}=125\mu m$にて

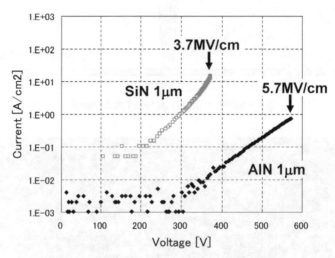

図3　多結晶AlN及びSiNの電流―電圧特性

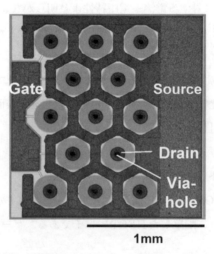

図4　作製した高耐圧AlGaN/GaN HFETアレイのチップ写真

第2章 GaN

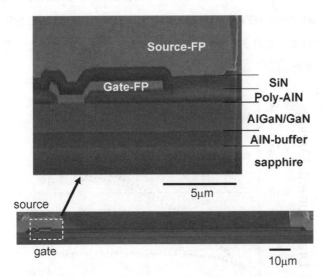

図5 作製した高耐圧HFETのゲート電極近傍の断面SEM写真

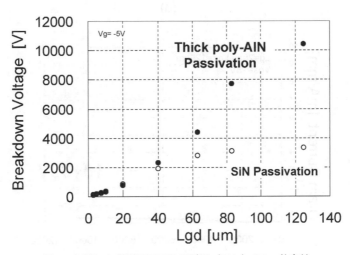

図6 作製した高耐圧HFETの耐圧（BV_{ds}）のL_{gd}依存性

オフ耐圧として最大10,400Vを確認できた。さらにL_{gd}を伸ばすことでさらなる高耐圧化も可能であると考えられる。図7は$L_{gd}=125\mu m$とした場合の超高耐圧HFETの電流－電圧特性をまとめたものである。オフ耐圧BV_{ds}は10,400V，オン抵抗$R_{on}A$は186mΩcm^{2}を確認できた。図8は今回の超高耐圧AlGaN/GaN HFETと従来のSiパワーデバイスの$R_{on}A$と耐圧の関係をプロットしたものであり，これまで報告されているGaN系トランジスタの耐圧を大きく凌ぐ世界最高の耐圧を得ることができた。

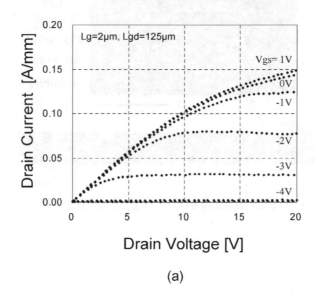

(a)

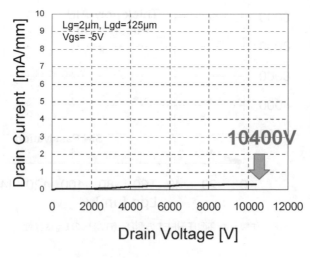

(b)

図7　作製した高耐圧HFETの電流－電圧特性
(a)$I_{ds}-V_{ds}$特性，(b)オフ耐圧特性

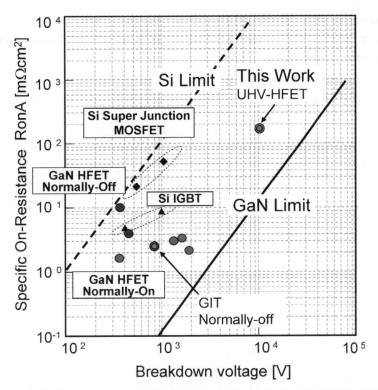

図8 作製した超高耐圧HFETのオン抵抗と耐圧特性，従来GaNデバイス及びSiデバイスとの比較

4.4 まとめ

　GaN系トランジスタ高耐圧化の限界を実証すべく，パッシベーション膜を介しての絶縁破壊を抑制する新たなデバイス構造を提案し，GaN系トランジスタとして世界最高のオフ耐圧となる10,400Vを確認した。表面側のドレイン電極配線を排除するためにサファイア基板にビアホールを形成しドレイン電極をウエハ裏面に設ける構造とした。さらに絶縁破壊電界の大きな多結晶AlNパッシベーション膜を採用したことが特徴である。今回の結果は，GaN系トランジスタが10kVという大きな耐圧を有し，超高耐圧の産業機器応用においても極めて有望であることを示す結果であり，今後このような分野での実用化が期待される。

文　　献

1) Y. Dora *et al.*, *IEEE Electron Device Letters*, **27**, 713 （2006）

2) Y. Uemoto *et al.*, IEDM Technical Digests, pp. 861-864, (2007)
3) N. Tsurumi *et al.*, 7th Topical workshop on Heterostructure Microelectronics, Kazusa Arc, Kisarazu, Chiba, Japan , (2007)

5 薄層AlGaN構造を用いたGaNパワーデバイス

池田成明[*]

5.1 概要

　GaN系電子デバイスは，従来のSi系電子デバイスと比較し，高耐圧，低オン抵抗が実現できる可能性があり，電源の高効率化，小型化に大きく貢献するものと期待されている。我々は，GaN/AlGaN HFET（Heterojunction Field Effect Transistor）構造において，AlGaN層を薄層化し，AlN層を挿入することによって，比較的低オン抵抗でありながら高耐圧のノーマリオフ型デバイスを実現した。電源デバイスに要求される低コスト化を目指したSi基板上AlGaN/GaNヘテロエピを用いて，閾値が0Vであるノーマリオフ動作を実現した。

　また，低損失化が可能な独自のダイオード構造を新規に提案し，ほぼ0Vから電流が流れ始めるという，低オン電圧化を確認した。この構造にAlGaN薄層化構造のエピを適用し，低リーク電流でかつ，低オン電圧動作するダイオードを実現した。

5.2 はじめに

　GaNを用いた半導体素子は，SiCと同様に，ワイドバンドギャップ半導体であることから，従来のSi系素子と比べて優れた特性を示すと期待され，開発が進められてきている。特に，GaN系の電界効果トランジスタ（FET）は，高出力動作，高周波動作，高温動作が可能であり，さまざまな優れた性能指数をもつ[1〜5]。そのため，従来のSiデバイスに対して，SiCやGaNといったワイドバンドギャップ半導体は，このSi limitを上回ることが期待できるため，高周波動作が可能な，高性能な電源を作製できるという期待が高まっている。特に，FETのオン抵抗（Ron）はSi系のものと比較して2桁以上低くすることが可能である。したがって，GaNを用いた電子デバイスは，インバータやコンバータなどのスイッチング装置の損失を，従来のSi系のものと比べて，大幅に低減させうることにより，冷却部品の小型化，削減が可能になる。また，GaN-FETの高速スイッチング化や，高周波動作化によって，スイッチング回路の高効率化が可能になり，回路の小型化，高密度化が実現できる。

　我々は，GaNを用いた電源回路として，インバータ回路を試作した結果を報告してきた[6]。このインバータは，GaN系HFETを用いたDCコンバータとACインバータから構成されている。そのときの動作出力は，50Wであり，最大出力200Wであった。しかしながら，これらに用いられてきた素子は，ノーマリオン型の素子である。本報告では，GaN系HFET構造を使いこなし，ノーマリオフ型の素子の作製を行い，ノーマリオフFETおよび低損失ダイオードに展開した開

---

　[*]　Nariaki Ikeda　古河電気工業㈱　横浜研究所　GaNプロジェクトチーム　主査

発結果を報告するものである。

5.3　ノーマリオフFETの開発

本項では，ノーマリオフFETをGaN HFETを用いて達成した結果についてまとめる。

5.3.1　GaN系ノーマリオフFETのこれまでの報告

電源デバイスとして汎用性ある使われ方をするためには，フェールセーフの観点からノーマリオフ型が不可欠である。ノーマリオン型素子を仮に回路に組み込んだ場合は，回路構成が複雑になる懸念があり，結果としてコスト高になることが考えられるからである。しかし，従来GaN系パワー素子についてのノーマリオフ化の報告はほとんど例がなかった。それは，一般的にGaN系素子の場合，AlGaNとGaNの界面に高濃度の2次元電子ガス（Two Dimensional Electron Gas；2DEG）層が形成されることにより，これを積極的に用いた報告がほとんどであったからである。ノーマリオフ化するためには，いくつかの候補があると考えられる。一つはSi素子と同じように，ゲート電極と半導体の間にSiO_2などの絶縁膜を配置する手法である。近年，いくつかのノーマリオフ動作を目指したMOSFETについての報告がなされている[7, 8]。この手法を用いれば，ゲートバイアスを10V以上印加できるため，エンハンスメント型の動作が容易に得られるというメリットがある。しかしながら，HFET構造を用いた場合に比べて，いまだ凌駕するような性能をもつにいたっていない。この手法については，チャネルが形成される部分の電界効果移動度が十分大きくないことや，界面準位の低減が課題であると考えられる。

一方，HFET構造を使いこなす手法として，いくつかの手法が試みられている。その一つが，図1に示すように，ゲート付近のAlGaN層を薄層化し，いわゆるリセスゲート構造によって，ピンチオフ電圧をシフトさせてノーマリオフ化する，という手法である。これに関しては，いくつかの報告があるものの，まともなノーマリオフ化が実現できていないのが実情である[9]。また，リセスエッチングの場合，エッチングによるダメージの除去が課題となるほか，エッチングの深

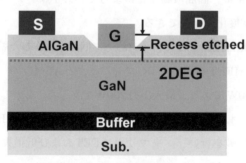

図1　リセス構造

第2章　GaN

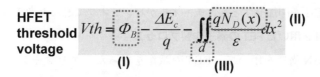

(I) Schottky barrier height
(II) Carrier concentration
(III) Thickness of AlGaN :Thinner AlGaN layer

図2　HFETの閾値

さばらつきによる閾値のばらつきが懸念されるため，生産性が悪くなる可能性がある。

5.3.2　ノーマリオフの閾値制御

ここで，HFETの閾値は図2に示すような式で表される。閾値は，主に3つのパラメータによって定まる。Φ_B：ショットキーバリアの高さ，d：AlGaN層の膜厚，N_D：2DEGのキャリア濃度である。

我々は，ノーマリオフ化を実現するため，HFET構造において，GaN層にカーボンをドーピングし，高抵抗化することで，ノーマリオフ化を実現してきた[10]。メカニズムとしては，カーボンによって2DEGのキャリアを補償することで，N_Dの低減により，ピンチオフ電圧をシフトさせるというものである。しかし，大電流動作をさせるためには，カーボンドープする方法では，限界があった。キャリアを補償することで，シート抵抗が増大し，結果としてオン抵抗の低減が実現できないためである。そこで，AlGaN層を全体として薄層化することにより，dを低減することを試みた。

図3に従来のノーマリオン型の場合とノーマリオフ型の場合のHFET構造について，模式的に示す。ゲート電極下にのびた空乏層がノーマリオン型(a)の場合は，ゲート電極に電圧を印加する前では，2DEGによるチャネルをピンチオフできないため，ゲートの電位を負側に変化させることによってチャネルをピンチオフできるが，ノーマリオフ型(b)の場合，もともとAlGaN層が薄

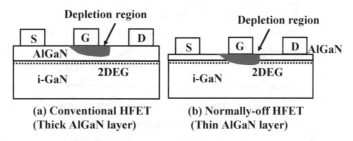

図3　従来のHFET構造と薄層AlGaNを用いたノーマリオフHFET構造の違い

いため，ゲートに電圧を印加せずとも，チャネルがピンチオフできると考えられる。

5.3.3 薄層AlGaNを用いたFETの素子作製プロセス

今回，薄層AlGaN構造を用いて，FETの試作を行った。エピタキシャル膜は，MOCVD（Metal Organic Chemical Vapor Deposition）法により，原料にアンモニア，TMGa（トリメチルガリウム），TMA（トリメチルアルミニウム）を用いて，Si（111）基板上に形成した。エピタキシャル膜の構造は，AlN/GaN積層バッファ構造，厚膜GaN（0.8μm），AlN（0.5〜1nm），AlGaN（5〜40nm）の順に積層を行った。以上の構造を用いて，素子を試作し，評価を行った。素子構造としては，オーミック電極にTi/Alの積層構造，ショットキー電極にPt/Auの積層構造を用いた。素子寸法は，ゲート長2μm，ゲートードレイン間隔が10μmであり，ゲート幅が異なる素子をいくつか評価した。ゲート幅は，最大で200mmである。これらのプロセスを経た後に，Sony Tectronics社製カーブトレーサ，およびAgilent社製半導体パラメータアナライザを用いて，素子特性の評価を行った。

5.3.4 素子評価結果

図4にAlGaN膜厚に対する，閾値の相関をプロットした。AlGaN厚さが薄くなるほど閾値が浅くなっていく傾向があり，AlGaN厚5nmで閾値が0Vになることがわかる。このことから，AlGaN膜厚をコントロールすることによって，閾値を制御できることが示されたといえる。また，ゲートードレイン間の2端子において，ショットキー特性を評価した。図5にショットキー逆方向特性を示す。AlGaN厚が5nmのものを示しているが，図に示すように，450V以上の耐圧が得られていることが分かる。このときのリーク電流は，0.1μA/mm程度であった。これは，AlGaNを5nmに薄層化した構造によって，閾値が浅くなったことで，2次元電子ガス層のピンチオフが良好になり，結果として逆方向リークが十分に低く抑えられたことを示すものである。

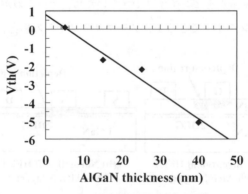

図4　AlGaN厚に対する閾値の関係

第2章　GaN

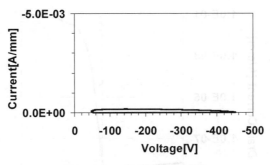

図5　ショットキー逆方向特性

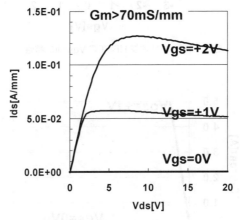

図6　ノーマリオフHFETのVds-Ids特性

　図6にドレイン電流電圧特性を示す。なお，ゲート長2μm，ゲート幅400μm，ゲートードレイン間は10μmの素子を評価した。Vgs＝2Vから1Vステップで変化させた場合のドレイン電流をプロットしているが，ゲートリークのない良好なドレイン電流電圧特性を示している。電流増幅率は最大で70mS/mmが得られている。また，図7に同様の素子の伝達特性として，ゲート電圧に対するドレイン電流について，対数プロットしたものを示す。サブ閾値であるピンチオフ電圧はほぼ0Vであり，そのときのリーク電流は，10nA/mm以下と，非常に良好なピンチオフ特性が得られた。

　図8に，ゲート幅400μmの素子を，多層配線プロセスを用いて，500素子分連結させ，総ゲート幅が200mmの素子のドレイン電流電圧特性を示す。Vgs＝1Vと0Vの場合をプロットしているが，良好なノーマリオフ特性が実現できている。最大電流は5A以上を得た。また，図9に同じ素子のオフ特性を示すが，300V以上の耐圧が得られている。活性領域の面積が$0.15cm^2$であることから，面積オン抵抗は，$30mΩcm^2$と見積られた。比較的まだオン抵抗が大きいものの，エピ構造の改善やデバイス設計の工夫などの余地がまだあると考えられ，今後更なる改善が十分

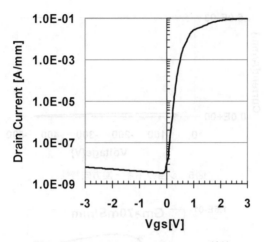

図7　ノーマリオフHFETのVgs-Ids特性

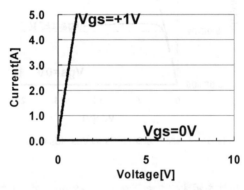

図8　ノーマリオフHFETの大電流特性

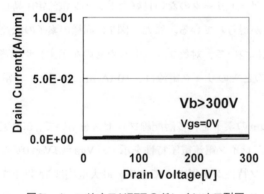

図9　ノーマリオフHFETのドレインオフ耐圧

第2章 GaN

可能であると考えている。

5.4 薄層AlGaN構造のFESBD（Field Effect Schottky Barrier Diode）への展開

高効率電源回路の実現のためには，FETだけでなく，高速動作できるダイオードが必要になる。GaNを用いたダイオードは物性上，非常に速いスイッチング速度を有することが期待される。我々は，上記の目的のため，低オン電圧動作が実現できるダイオードを開発した。通称FESBDとよんでいる[11]，今回は，AlGaN薄層化構造を独自構造のFESBDというダイオードにも適用した結果について，以下に報告する。

5.4.1 FESBDの高耐圧低オン電圧化のメカニズム

FESBDは，通常のSBD（Schottky Barrier Diode）のショットキー電極のかわりに低いショットキーバリアをもつ金属を高いショットキーバリアをもつ金属の中に埋め込んだことで，低オン電圧が実現される。図10にFESBDの模式図および，順方向の動作原理を模式的に示す。SM1というバリア高さの低い金属をSM2というバリア高さの高い金属で包み込んだ構造になっており，AlGaN/GaN HFET構造上に形成されている。順方向特性は，AlGaN/GaN構造に形成される2DEGのチャネル層を介して流れるため，SM1の低いバリア高さをもつ金属によって，従来のSBDの場合に比べて低オン電圧動作が期待できる。

一方，図11に，FESBDの逆方向特性の動作原理を示す。バリア高さの高いSM1によってチャネルがピンチオフされ，逆方向の特性は通常のSBDと同程度の特性を示すことが予想される。

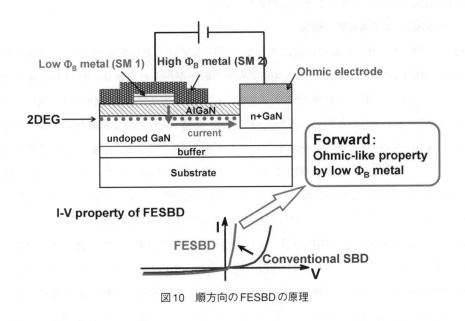

図10　順方向のFESBDの原理

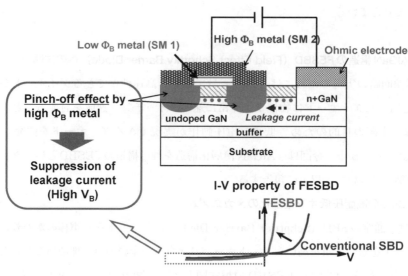

図11　FESBDの原理：逆方向

以上のことから，高耐圧を維持しつつ，低オン電圧SBDが実現できると考えられる。

5.4.2　素子の作製方法

　FESBDの素子は，上記で述べたHFETと同様の工程で形成される。異なるのはショットキー電極の形成である。今回は，SM1にバリア高さの低いTi系電極を用い，SM2にバリア高さの高いPt系電極を用いた。残りの部分は同様のプロセスを経ることで実現できるため，将来的にFETとFESBDを集積化させることも実現可能である。

5.4.3　FESBDの素子特性評価結果

　図12に，SM1/SM2の電極幅の比に対して，耐圧をプロットしたものを示す。SM2だけのSBD構造（SM1が全くないもの）は，400V程度の耐圧が得られており，SM1の比率を徐々に増加させていっても，SM1の比率が90％までは，耐圧が変化せずに，SM2だけの場合と同程度の耐圧を維持できていることがわかる。このことは，SM1がわずかでもあれば，ピンチオフ効果によって耐圧が維持できることを示す。しかし，95％以上になると，耐圧が劣化する傾向が見られた。また，順方向の電流依存性についても調査しているが，こちらについては，SM1の面積と共に線型に増加する結果が得られたため，SM1の比率はできるだけ大きい方が望ましい。耐圧とのトレードオフを考えると，SM1の比率は90％程度が最適であるといえる。

　図13に，従来のSBDとFESBDの順方向の特性を比較した結果を示す。従来構造では，バリア高さ分のオフセットがあるため，1V程度で立ち上がっていたものが，FESBDの場合，ほぼ0Vから立ち上がっていることがわかる。このことから，本FESBDの構造が実験的にオン電圧を下げられたことを示すものであり，低損失のダイオードが実現できたことを示す。一方，図

第2章　GaN

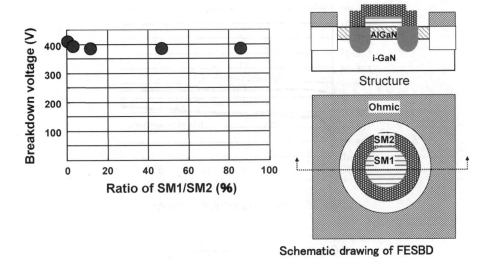

図12　FESBDの耐圧のSM1/SM2比依存性

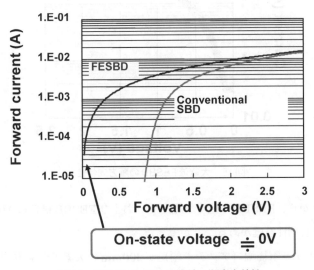

図13　FESBDとSBDの比較：順方向特性

14に，逆方向特性を示す．今回は，従来のAlGaN20nm程度のノーマリオン型のHFET構造のエピタキシャル基板を用いたものと，5nmに薄層化した今回の結果とを比較している．また，同じAlGaNを5nmに薄層化したもので，通常のSM2だけのSBD構造とFESBD構造とのリーク電流の比較を行っている．AlGaN20nmの場合と比較して，1桁〜2桁程度リーク電流が低減できていることがわかる．これは，それぞれのエピ層の閾値が異なるため，2DEGのチャネル層がピンチオフするまでに要する電圧の違いによってこのようなリーク電流の違いが出たものと考

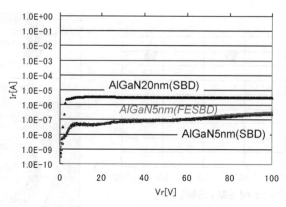

図14　SBDのリーク電流の構造による違い

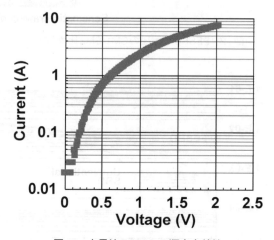

図15　大電流FESBDの順方向特性

えられる。このことから，FESBDの低オン電圧化，およびFESBD構造にAlGaN薄層化構造を組み合わせた構造の有効性を確かめることができた。

図15に，ショットキー電極幅（アノード幅）が200mmの大素子の順方向特性を示す。ほぼ0Vから立ち上がり，最大電流で7A程度の値を得ることができ，FESBD構造においても大電流動作が可能であることがわかった。

5.5　今後の展望

薄層AlGaNを用いた構造の可能性を示したが，高耐圧化のためには，FETの場合はゲートとドレイン間距離，ダイオードであればアノードとカソード間距離を伸ばして耐圧を維持する必要がある。しかしながら，現状の設計ではシート抵抗の高さに起因するアクセス抵抗が大きいため，総合性能として，GaN本来の特徴が十分に生かせない可能性がある。またショットキーゲート

第2章 GaN

であるため，ゲート電圧をソースゲートをダイオードと見立てた場合のダイオードのオン電圧以上になると，ゲートリークが顕著になるという問題があるため，ゲート電圧が制限されてしまう。一方でFETのノーマリオフ化に関しては，他の試みがさまざまな研究機関からなされ，活発に議論されてきたところである。ダイオードについては低オン電圧というSiでは実現できない特徴をうまく引き出すためのエピ構造やプロセスなどのデバイス設計が非常に重要になるであろう。今後の開発動向を注視していく必要がある。

5.6 おわりに

Si基板上のGaN系HFET構造を用いて，ノーマリオフFETおよび低オン電圧ダイオードの開発を行った。AlGaN薄層化構造を採用することで，閾値0VをもつノーマリオフFETが実現できた。ピンチオフ特性は良好で，耐圧300V以上を得ることができた。また，当社独自構造のFESBDに薄層化AlGaN構造を適用し，高耐圧，大電流動作を実現することができた。

文　献

1) T. P. Chow, R. Tyagi, "Wide bandgap compound semiconductors for superior high-voltage unipolar power devices.", *IEEE Trans Electron Devices*, **41**, pp.1481-1483 (1994)

2) O. Akutas, Z. F. Fan, S. N. Mohammad, A. E. Botchkarev, H. Morkoç, "High temperature characteristics of AlGaN/GaN modulation doped field effect transistors.", *Appl Phys Lett*, **69**, pp.3872-3874 (1996)

3) W. Yang, J. Lu, M. Asifkhan, I. Adesida, "AlGaN/GaN HEMTs on SiC with over 100 GHz fT and low microwave noise.", *IEEE Trans Electron Devices*, **48**, pp.581-585 (2001)

4) Seikoh Yoshida, Hirotatsu Ishii, "A high power GaN-based field effect transistor for large current operation.", *Phys Status Solidi (a)*, **188**, pp.243-246 (2001)

5) Nariaki Ikeda, Kazuo Kato, Jang Le, Kohji Hataya, Seikoh Yoshida, "Normally-off operation GaN HFET using a thin AlGaN layer for low loss switching devices.", *Mater. Res. Soc. Symp. Proc.* **831**, pp.355-360 (2005)

6) Seikoh Yoshida, Jiang Li, Takahiro Wada, and Hironari Takehara, "High-Power AlGaN/GaN HFET with a Lower On-state Resistance and a Higher Switching Time for an Inverter Circuit", *in Proc. 15th ISPSD*, pp.58-61 (2003)

7) W. Huang, T. P. Chow, Y. Niiyama, T. Nomura and S. Yoshida, "Lateral Implanted RESURF GaN MOSFETs with BV up to 2.5 kV", *in Proc. 20th ISPSD*, pp.291-294

(2008)
8) W. Huang, Z. Li, T. P. Chow, Y. Niiyama, T. Nomura and S. Yoshida, "Enhancement-mode GaN Hybrid MOS-HEMTs with Ron, sp of 20mΩ-cm^2.", *in Proc. 20th ISPSD*, pp.295-298 (2008)
9) V. Kumar, A. Kuliev, T. Tanaka, Y. Otoki, and I. Adesida, *Electronics Letters*, **39**, 24, 1758 (2003)
10) Nariaki Ikeda, Jiang Li, and Seikoh Yoshida, "Normally-off operation power AlGaN/GaN HFET", *Proceeding of ISPSD'2004*, pp.369-372 (2004)
11) Seikoh Yoshida, Nariaki Ikeda, Jiang Li, Takahiro Wada, and Hironari Takehara, "A new GaN based field effect schottky barrier diode with a very low on-voltage operation", *Proceeding of ISPSD'2004*, pp.323-326 (2004)

第3章 ダイヤモンド半導体

1 材料

鹿田真一*

ダイヤモンドは，空間群Fd3mの立方晶構造を有し"ダイヤモンド構造"を代表するIV族材料である。格子定数は3.57Åと小さく，炭素原子間の結合距離（C-C：1.54Å）も，Si（Si-Si：2.35Å）の65％と小さく，極めて堅固な結晶を形成していて，これが原因で物理的，化学的に極めて強い材料となる。機械的（弾性）特性，光学特性，熱的特性，電気化学的特性などで物質中最高の特性を有する他，半導体特性も極めて優れている。関連するパラメータを図にして，Si，SiCと比較すると図1のように，群を抜いている。合成，加工も困難であったため，天然や高圧合成の不純物（触媒金属など）の混ざった試料の計測であったりする例も多く，未知の部分の多い材料である。本項では，パワーデバイスを念頭においた材料の概要を述べるが，いまだこれからデータが書き換えられる可能性もあることを前提としておきたい。

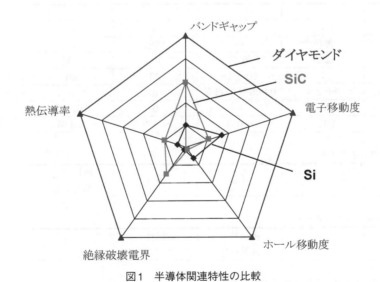

図1 半導体関連特性の比較

---

* Shinichi Shikata ㈱産業技術総合研究所 ダイヤモンド研究センター 副センター長

パワーエレクトロニクスの新展開

1.1 ダイヤモンドの分類

まず初めに単結晶ダイヤモンドの分類を表1に記す。天然の結晶はNの有無で，IとIIに分けられ，さらに各々無色か着色かでaとbに分類される。よってIbとかIIaとかの呼称が用いられる。高圧高温（HPHT）で作製した人工結晶もこの呼び方を踏襲している。よって人工Ib基板，人工IIa基板などという言い方をされる。ちなみに結晶性ははるかに人工基板がよく，X線の半値幅はIIa基板など人工結晶が天然に比べて1～2桁よい[1]。人工Ib基板で市販入手可能なサイズは，現状せいぜい5mm角，人工IIa基板は3mm角程度である。これがデバイスの研究を大きく阻害している。最近急速にこの事情が変わりつつあるが，これについては後述する。Bドープp型基板は以前，Ib型にBをドープする形で，合成されていたが，最近では殆ど入手できない。CVD気相合成基板では，現在はアンドープとNドープが行われて，一部入手可能である。人工合成基板の入手先は現在のところ，国内は住友電気工業㈱，海外はエレメントシックス（英）の2社のみである。パワーデバイス試作に向くp$^+$やn$^+$の基板はいまだない。なおCVDダイヤモンドについての呼称も，上記を踏襲する向きもあるが，極めてわかりにくいので，表では絶縁性アンドープ基板，絶縁性Nドープ基板と表記した。あわせて，CVDにより今後可能性のあるウェハとして低抵抗p型Bドープ基板と低抵抗n型Pドープ基板を記載しておく。またダイヤモンド

表1　単結晶の分類

天然ダイヤ

型	I		II	
	a	b	a	b
色	無色	黄	無色	青
導電性	なし	なし	なし	p型
熱伝導率	7	10～18	20	20
不純物　窒素	＞0.2%	0.005～0.03%	0	0
ボロン	0	0	0	＜0.05%
産出割合	99%	～0%	＜1%	＜1%

人工高圧高温合成ダイヤ

	―	Ib	IIa	商用では殆どなし

人工CVD合成ダイヤ（現状）

	―	絶縁性Nドープ	絶縁性アンドープ	

人工CVD合成ダイヤで今後可能性のあるもの

	―	絶縁性Nドープ	絶縁性アンドープ	低抵抗p型Bドープ	低抵抗n型Pドープ

第3章　ダイヤモンド半導体

では，工業用途でもカラットという単位を用いる悪習が一部残っている（日本の計量法では宝石の質量の計量に限定して許可されている）ので，重さの単位であって1carat＝0.2gであることを参考までに追記しておく。

1.2　物性

1.2.1　基礎物性

まず初めに，いくつかのデータブック集から収集した基礎物性を表2に示す[2〜5]。前述のように，堅固な結晶のため，弾性定数が他材料より桁違いに高いなど，物性値を見るだけでも，随分と特異な材料である事が一目瞭然である。なお紙面の関係で温度依存性などの詳細は省略した。格子定数[6]，弾性定数[7]，硬度[8,9]，屈折率[10]などを参照されたい。なお，これら物性値は昔に

表2　ダイヤモンドの基礎物性値

結晶系・群	立方晶　Fd3m　(O^7_h)
格子定数	3.56688A（RT）
X線回折 （CuKα）	2.0600A（111）　100 1.2610A（220）　25 1.0754A（311）　16 0.8916A（400）　8 0.8182A（331）　16
イオン半径	0.77A
密度	3.515g/cm^3
融点	4373℃（125kbar）
デバイ温度	1860K
硬度	110Mohs
弾性定数	$C_{11} = 10.764 \times 10^{11}$Pa $C_{12} = 1.252 \times 10^{11}$Pa $C_{44} = 5.774 \times 10^{11}$Pa
ヤング率	10.5×10^{11}Pa
ポアソン比	0.104
誘電率	5.7（300K）
屈折率	2.7151（226.5nm） 2.4355（486.1nm） 2.4099（654.3nm）

表3　ダイヤモンドの熱的性質

比熱	Cp＝Cv＝6.195J/mol（300K）
熱伝導率	22W/cmK（293K）
線膨張係数	0.8×10^{-6}/K（293K）

調べられたものが多く，殆どが天然または高温高圧合成の単結晶を試料としている。今後定数が相当変更されるものと考えられる。

　基礎物性の中で，パワーデバイスから見た大きな魅力は熱物性であろう。表3にダイヤモンドの熱物性値を示す。熱伝導率は通常のヒートスプレッダ材料に比べて5～10倍高い22W/cmK（293K）という魅力的な数値を有する。光通信用レーザーなど初期にはヒートスプレッダとして多用されたが，レーザーキャビティ長が長くなるにつれて，利用されなくなった。原因は線膨張係数が小さく，大きなサイズのデバイスの場合ヒートサイクル試験でデバイス側が割れてしまうためである。最近構造設計でこれを解決しようとする努力が多く試みられていて，その実現が注目される。ダイヤモンド自身がデバイスになる場合については，こういった問題は発生せず，動作温度次第では全く異なる概念のモジュールと考えられる。なお，通信用弾性表面波（SAW）デバイスの例で言うと，この高い熱伝導率は局所的な熱の滞留を防ぐ効果があり，ダイヤモンドは他材料より2桁耐電力性に優れるといった特徴もあり[11]，電子デバイスでも一定の効果が期待できる事と推測される。熱伝導率の温度依存性を図2[12]に，線膨張係数の温度依存性を比較した図を図3[13]に示しておく。なお，どんな材料の上にも成膜が可能なナノダイヤモンド結晶の熱物性についても最近研究が進んでいるので，文献付記しておく[14]。

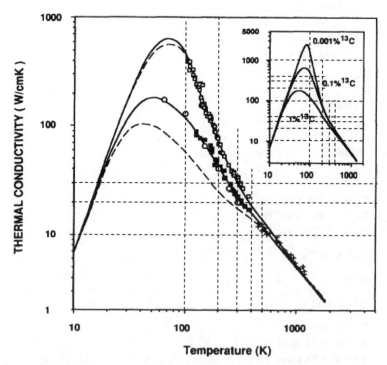

　図2　熱伝導の温度依存性（一番下の実線が通常のダイヤ。その上は同位体ダイヤ。見易さのため，点線を入れた）

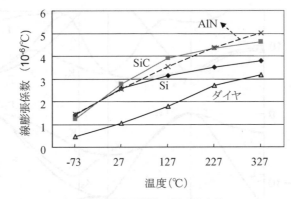

図3　線膨張係数の温度依存性

1.2.2　デバイス関連物性

ここでは電子デバイス応用に関連する物性を紹介する。まずはバンド構造であるが，図4に見られるように間接遷移型のバンド構造[15]を有する。また抵抗率，誘電率，移動度など一般的な電子関連物性を表4にまとめて示す[16〜25]。バンドギャップが室温で5.48eVと大きいこと，絶縁破壊電界が大きいこと，誘電率が5.7と低いこと，水素，酸素，再構成炭素表面など，表面終端の方法によって電子親和力を負から正に変えられることなど，SiやSiCと比較すると目立つ特徴である。ヘテロ接合を形成できそうな材料は，cBNのみであるが，それでも格子ミスマッチは1.3％もある。cBNの合成が未だ未熟で，かつcBN結晶も極めて小さいものしかないため，ヘテロ接合は未だ稚拙なレベルにある[26]。ダイヤモンドの同位体は^{12}C（98.893％），^{13}C（1.107％）の2つである。そのバンドギャップ差は約20meVもあり[27]，同位体メタンガスも市販入手可能なことから，今後利用の可能性もあると思われる。

ドーピングに関しては，IV族で両隣しかないことや，周期律表で一番上の元素のため本質的に候補が少なく，さらに小さい結晶単位格子のため大きな原子が入りにくいという問題を有している。現在見つかっているアクセプタ，ドナーを表5に示す。Bの準位は0.36eVと深いものの制御性も高く，移動度も高く，何より抵抗率を15桁以上変えられる都合のよいアクセプタとなってくれる。方法としては，CVD成長時にジボラン（B_2H_6）またはトリメチルボロン（$B(CH_3)_3$）を混ぜることにより実施される。（100）面へのドーピングでは，$10^{14}cm^{-3}$台のホール濃度では室温で1800cm^2/Vsを越える移動度が得られている[28]。電気伝導率の高い高濃度ドーピング（$10^{18}cm^{-3}$台）では100cm^2/Vs程度まで下がる。移動度の温度依存性を，いくつかのドーピング濃度でプロットした例を図5に示す。200℃を越えても，100〜200cm^2/Vsといった数値を有するのは，高温動作を考えるとかなり良い数値である。3.5μm/hの高速エピで1500cm^2/Vs以上得られているのも，実用上重要な意義を有する[29]。

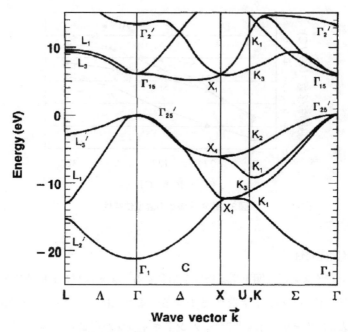

図4 ダイヤモンドのバンド図

表4 ダイヤモンドの電気的性質

バンドギャップ	5.48eV
抵抗率	$10^{12} \sim 10^{16} \Omega cm$ 高濃度Bドープで$\sim 10^{-3} \Omega cm$
電子移動度	660 $cm^2 V^{-1} s^{-1}$ 4500 $cm^2 V^{-1} s^{-1}$
ホール移動度	1870 $cm^2 V^{-1} s^{-1}$ 3800 $cm^2 V^{-1} s^{-1}$
誘電率 　温度特性	5.7 (300K) $5.70111 - 5.35167 \times 10^{-5} T + 1.6603 \times 10^{-7} T^2$
絶縁破壊電界	10MV/cm 20MV/cm
飽和ドリフト速度 　温度依存性	1.1×10^7 cm/s 2.5×10^7 cm/s
電子親和力	$+0.5$eV ((100) 2×1) -1.3eV ((100) 2×1：H終端) $+1.7$eV ((100) 1×1：O終端)

第3章 ダイヤモンド半導体

表5 ダイヤモンドのキャリア性質

アクセプタ	B	0.36eV
ドナー	P	0.6eV
	N	1.7eV

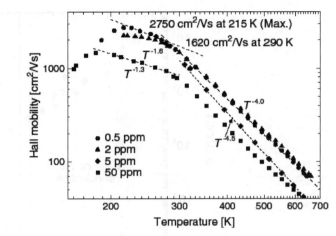

図5 Bドープp型ダイヤモンドの移動度の温度・濃度依存性

一方，アクセプタ濃度が大きくなると不純物伝導が支配的になり，究極は超伝導になることも報告されている[30]。ドーピングに関する概略を総合的に記載した図を図6に示しておく[31]。抵抗率で$10^{13}\Omega$cmからドーピングによって$10^{-3}\Omega$cmまで変えられ，絶縁体，半導体，超伝導体，と自在になる材料は他には見つけることはできない。

イオン注入によるBドーピングも可能である。これまでR.Kalishらにより集中的に研究されてきており，CIRA（Cold Implanatation followed by Rapid Annealing）法で実施されているが[32]，性能面やプロセスの煩雑さからデバイスに応用されることは殆どなかった。しかし最近，高圧単結晶でなく，エピ層に注入することにより，移動度が38から268cm^2/Vsに大きく向上させた報告例もあり[33]，今後使える技術として進展する可能性も出てきた。この例では400℃注入，キャップレスアニール（1400から1600℃）という条件であり，SiCと同様条件である。

n型であるが，隣の元素で有望なNは，3配位がエネルギー的に有利となり4本の共有結合の手の1本が切れ孤立電子対が生じるため，電子状態は局在化し深い不純物準位を形成する。そのためドナー準位1.7eVにもなる。次の候補が一段下のPである。長年研究されて，その大きなサイズのため十分な成果が得られていなかったが，10年ほど前にホスフィン（PH$_3$）を使用したCVD法の（111）ダイヤモンド合成によりPが0.6eVのドナーとなることが示され[34]，現在までに（111）面方位を持つ単結晶ダイヤモンドにより300Kで電荷移動度660cm^2/Vsを示すn型半導体の成功が報告されている[35]。さらに最近では，結晶欠陥が少ない成長が可能な（001）面方位を持つダイヤモンドでもn型電気伝導が確認されている[36]。ドーピング効率は，（111）面で2〜4％，（100）面では2桁低い。図7に，（111）面へのドーピングを例に，キャリア濃度と移動度の温度依存性を示す[37]。キャリア濃度も十分ではなく，室温で10^{12}cm^{-3}程度でありn$^+$層として使えるような高濃度はいまだ得られていない。いまだ欠陥及びCVDエピのキャリアガスから

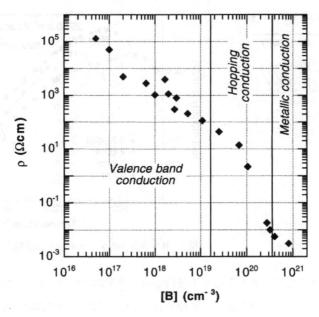

図6 ダイヤモンド ドーピングに関する概略図

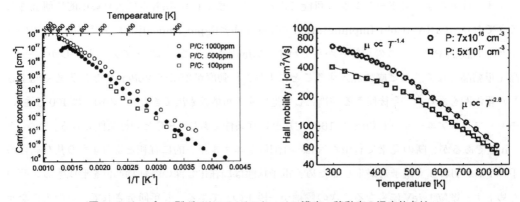

図7 Pドープ n型ダイヤモンドのキャリア濃度，移動度の温度依存性。

水素が多量に混入したままであり，エピ技術の向上が期待される。ほとんど全ての半導体で電子のほうがホールより高い移動度を持つことを考えると，ダイヤモンドのn型の移動度も技術向上と共に高くなって，1800cm^2/Vsを超す値が得られる可能性があると考えられる。なお，残念ながら通常のドーパントとして浅い準位を有するものは，候補元素がないのが現状である。

n型が可能になったことから，pn接合デバイスを目指しての研究も盛んになっている。現状，整流比で7～10桁を得られてはいるが，補償が大きくn型のキャリア濃度が少ないこと，n$^+$層

第3章　ダイヤモンド半導体

が不十分でコンタクト抵抗が高いこと，急峻な界面が得られていないこと（接合部分で0.2μm程度もある）などから，n値で5～7，立ち上がり特性もいまだ不十分なものである[38]。早期にpn接合特性が向上されて，バイポーラ系やサイリスタなどのデバイス研究が進展することが期待される。

1.3 ウェハ

1.3.1 合成方法

ダイヤモンドの合成法としては，超高圧法（HPHT法）と気相合成法（CVD法）がある。ダイヤモンドは熱力学的に高圧下では安定であり，溶媒を用いた溶解度差法や温度差法，無触媒転換法，衝撃圧縮（爆縮）法が知られているが，ここでは詳細は省くので，類書を参考にされたい[39]。高圧法の限界は，結晶サイズが小さいことであり，おおむね人工では10mm程度が最大であり，また限られているため入手は極めて困難である。よって，種結晶として用いるのみである。

CVD法の主力はマイクロ波プラズマCVD法で，プラズマの中に直接基板を導入して，非平衡状態で合成する手段であり，日本の科学技術庁無機材質研究所で発案された国産技術である[40]。これも詳細は省略して類書に譲るが[41, 42]，ダイヤモンド気相合成で基礎的な2点のみ記載しておく。一つは経験から，どういうガス組成で合成可能かをまとめたBachmannダイアグラムである（図8参照）[43]。通常はCH_4とH_2が用いられるが，p型Bドープで低濃度制御する場合など，このダイアグラムに従って，酸素が入ってBゲッタリングするCO_2などを混ぜて混合ガスを用いるなど可能である。もう一つは，αパラメータである。CVD成長において結晶面として現われるのは，ほとんど（111）面と（100）面である。これらの面に垂直な方向の成長速度をV_{100}，V_{111}とすると，αパラメータは$\alpha=\sqrt{3}\,V_{100}/V_{111}$で定義される[44]。$V_{100}$，$V_{111}$は温度，圧力，ガス組成など成長条件依存性が大きく，α値は成長条件によって変化する。配向性の制御など，多くの場面で利用される。以上この2点を知っていれば，ダイヤモンドCVD合成の理解の補助になろう。

1.3.2 ウェハ

(1) 多結晶ウェハ

まず大型多結晶ダイヤモンドウェハに関して，マイクロ波CVDやフィラメントCVDなど気相合成の進展により，10年ほど前からシリコン上に2及び3インチφの多結晶ダイヤモンド／Siウェハができるようになっている[45, 46]。現在は4インチφ以上のサイズも入手可能である。基板としては，安価でフラットネスに優れ，表面仕上げがよく，かつダイヤモンドの高温成膜に耐えるSiが最適である。合成プロセスは，まずダイヤモンド成膜のきっかけを作る核発生をさせるため，スクラッチ処理などを行った後，上記合成の項で述べたような手法を使って気相合成が行われる。

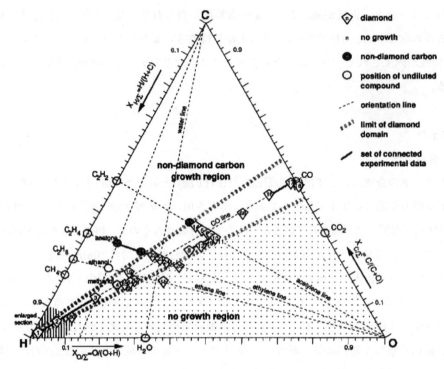

図8 ダイヤモンド合成の可能な領域を示すバッハマンダイアグラム

基板温度は800-1000℃であり、ウェハの反りの発生を抑止するため、基板温度を均一にすることが重要である。研磨しろを含めて必要な厚みを合成する。研磨には、通常のダイヤモンド砥石を用いた乾式研磨法が用いられる。表面の欠陥を低減するためダイヤモンドの砥石を用いた乾式研磨で、粗研磨とファイン研磨工程を分けて行われる。仕上げ研磨で追い込むと、表面粗さを5nm以下にできる。鉄との反応を用いるスカイフ研磨は、結晶粒界のある多結晶の研磨には向かない。図9にダイヤモンドのウェハを示す。成長条件を選ぶことで結晶の方位をある程度揃えることができ、逆に完全にランダム配向にすることもできる。結晶粒径も、目的に応じて制御することができる。弾性表面波デバイスで、結晶の粒径を弾性波の波長付近から離れたサイズの微粒結晶にし、伝播損失を0.035から0.02dB/λ（@2.5GHz）へと激減させた例[46]があるが、このように用途に応じて制御することも可能になっている。

(2) 単結晶ウェハ

単結晶ウェハは、高温高圧法で製造した3〜5mm角程度の単結晶をベースに、気相合成を用いて大型化する方法が世界中で取られている。SiCのRAF法と同様に、三次元的に大きくする手法[47]で、ようやくハーフインチの単結晶まで可能になってきた。ダイヤモンドをウェハにスライスするのは従来レーザーによって行われていたが、このように大きいサイズになると、入射

第3章　ダイヤモンド半導体

図9　ダイヤモンドの多結晶ウェハ

深度や切りしろ等で様々な問題が発生するが，最近これを抜本的に解決する手法が開発された。図10[48]に示すように，イオン注入により表面から1〜2μm深いところにダメージ層を作り，その後，追成長を行った後，ウェットエッチングにより，追成長部分をウェハとして"はがす"ように取り出す手法である[43]。ポイントは，追成長時の温度で，ダメージ層がグラファイト化してウェットエッチング可能になるところにある。このコピー感覚でウェハを作る手法を"ダイレクトウェハ化"と呼んでいるが，

① 種結晶が一度できれば，同様サイズのウェハを複製できる。
② ロスが，たったの1〜2μmで済む。
③ 追成長を厚くすることで，次の種結晶を得ることができる。
④ 追成長厚みを，最終ウェハ厚みにすることで，バックラップ不要。

などの利点がある。

また，デバイスを開発する側から見ると，下記の利点がある。

① 研磨せずに使用可能
② 結晶のオフ角，オフ方向が常に揃っており，エピ成長に都合がよい。
③ 結晶欠陥が常に同じ場所にある。

今後開発を進めるための最大の課題が解決できた，と言っても過言ではない。これによって得られているハーフインチダイヤモンドウェハの写真を図11に[49]，これを用いて試作したショットキーデバイスの写真を図12に示す[50]。今後の課題は，現状のサイズをブレークスルーポイントである2インチにいかに早くもっていけるか，結晶欠陥をいかに低減するか，あるいはモザイク型のウェハ技術[51]との組み合わせで3, 4インチへの大型化等が至近的課題である。

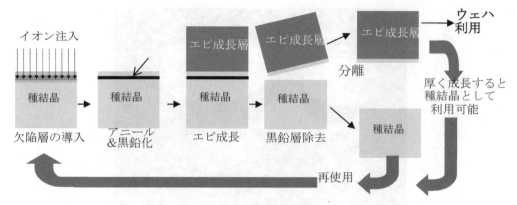

図10　ダイレクトウェハ法による単結晶ダイヤモンド製造方法

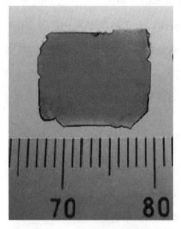

図11　ハーフインチダイヤモンドウェハの写真

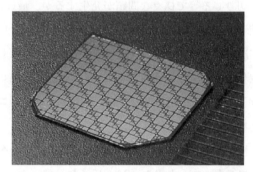

図12　ハーフインチダイヤモンドを用いて試作したショットキーダイオードの写真

1.4　コンタクト電極

1.4.1　オーミック電極

p型ダイヤモンドに関するオーミックコンタクトは，他半導体材料と同様に，Bドープp型層のアクセプタ濃度を上げTi, Moなどカーバイド形成する金属をベースにすることによってϕ_Bを下げて達成されている[52, 53]。最もよく使用されている典型例を示すと，アクセプタ濃度$10^{20}cm^{-3}$以上のBドープ層にTi/Mo/AuまたはTi/Pt/Auを形成し，400から450℃で30分程度合金処理することで，$10^{-6}\Omega cm^2$台のコンタクト抵抗が得られる。その他多くの材料も含めて，アクセプター濃度とコンタクト抵抗の関係をまとめたものを図13に示す[54]。Ti/Mo/Auは，TiC

第3章 ダイヤモンド半導体

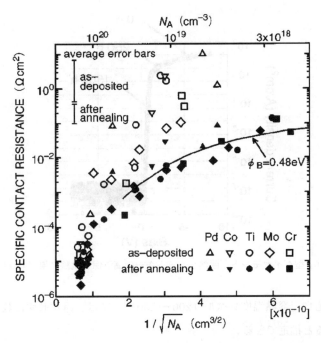

図13 p型オーミック金属（アクセプター濃度とコンタクト抵抗の関係）

が熱的にも安定で，相互拡散してもコンタクト抵抗としては，800℃400hのアニールでも劣化しないことが確認されている[55]。

n型オーミックについては，n型ダイヤの進展に合わせて，この数年研究がなされているが，前述のように未だn^+層の形成ができていないため，十分なものは得られていない。

1.4.2 ショットキー電極

ダイヤモンドのショットキー接合は，多くの金属で確認されている。主としてAl，Au，Mo，Ptなどの金属，または安定なカーバイドを形成するタングステンカーバイド（WC）化合物などが用いられてきた[56]。前者の金属の中で，白金を用いたショットキー接合は耐熱性があるものの，界面で剥離するため実際には使用できなかった。後者のWCは，耐熱性に関しては，未だ詳細な検討はなされていないが，500℃だと3時間で特性が変化するという報告がある。また前者の金属に比べて抵抗が1桁以上高い，ワイヤ接合のため金など別の金属を必要とする，等の問題を有する。最近新たな電極材料探索が行われ，Ruがダイヤモンドと高温まで全く反応物を形成せず安定であり，耐熱性，低抵抗，密着性，ショットキー接合という4つの課題を同時にクリアできる優れた特性を有することがわかった[57]。ルテニウムを用いたショットキー電極をダイヤモンド基板と組み合わせた新規ダイオード整流素子を試作し，400℃で1500時間および500℃で250時間の動作試験を行ったところ，全く劣化のないことが確認できた（図14）。これらの試験デー

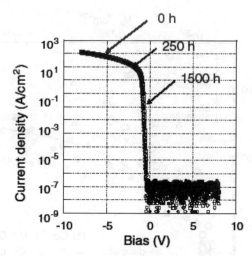

図14 Ru/p型ダイヤモンド 耐熱ショットキーの高温保存試験結果（400℃ 1500h）

タから，少なくとも自己発熱温度レベル（200〜250℃）では，冷却せずに数十年も動作し続けることが可能であると推定できる。

以上まとめると，p型についてはオーミック，ショットキーともに耐熱で良好なコンタクトが得られており，p型ユニポーラデバイスの実現には問題ない。一方，n型については高濃度n^+層がいまだ実現されていないため，オーミックコンタクトは未だできておらず，ショットキーも未だ研究されていない状況である。まず早期にn^+層の実現が期待される。

1.5 プロセス

1.5.1 ウェットプロセス

ダイヤモンドは物質中で最も化学的に安定で，通常の半導体プロセスに用いる洗浄液やエッチング液では全くエッチングされない。洗浄には，ダイヤモンド表面の状況に応じて，酸，アルカリ，有機溶剤による洗浄が可能である。逆にウェットエッチングによるエッチピット形成観察などができない。

1.5.2 ドライプロセス

ダイヤモンドは，高いウェットエッチング耐性を有するのに対して，ドライエッチングは通常の半導体と同様に，CCPやICP方式のRIEで，Ar，O_2，CF_4系などのガスで簡単に行うことができる，プロセスフレンドリーな材料である。

O_2，CF_4を用いたICPエッチングで，Alマスクを使用して，選択比50，エッチング速度40μm/h[58]，フォトレジストマスクで選択比4.5，エッチング速度13.7μm/h[59]といったところで，シリコンやSiCプロセスと同様である。一点，ガス組成でO_2が多いと，ダイヤモンド表面

第3章　ダイヤモンド半導体

にナノサイズの表面荒れが発生するので，O_2比率を下げるなどの工夫が必要な場合もある．加工側壁の垂直性を得るために，SiのBOSCHプロセスのように成膜とエッチングを交互に行う方法なども開発されてきている[60]．デバイスの開発の進展に合わせてさらにプロセス開発も進むと思われるが，基本的な問題はないものと思われる．

1.6　材料から見たデバイス指標

材料の最後としてデバイスに稿を譲る前に，材料特性から推量したパワーデバイス性能指数に関するこれまでのいくつかの試みについて述べる．以前よりBaligaの性能指数（BFOM）[61]として知られている$εμEc^3$に基づく数値が有名である（$ε$は誘電率，$μ$は移動度，Ecは絶縁破壊電界）．また最近ではHuangによるユニポーラデバイスを想定したスイッチング特性などから検討を行った指標もあり[62]，損失（$Ecμ^{1/2}$），面積（$εEc^2μ^{1/2}$），熱（$σth/εEc$）（ここで$σth$は熱伝導率）の3つの立場から，4H-SiC，GaN及びダイヤモンドを取り上げてSiと比較している．用いている材料特性の数値は各種比較表で若干異なるものの，多少の数値の違いなどには動じない優位性をダイヤモンドは持っていることがわかり，おおむねパワースイッチングデバイスとしての材料指標比較になっているものと考えられる．これらの見積は絶縁破壊電界が5.7MV/cmを用いて試算されたものであるが，実際の計測例として20MV/cmが確認されている．これを用いて再計算したものを，表6に示す．

これにより，従来の推定よりさらにダイヤモンドの優位性が推測されることがわかる．パワー

表6　各種デバイス性能指数を同じ材料定数で再計算した表

	Si	GaAs	4H-SiC	GaN	AlN	Diamond
Band gap [eV] E_g	1.1	1.42	3.2	3.45	5.9	5.5
Breakdown field [MV/cm] E_{max}	0.3	0.4	3	5	1.8	20
Mobility [cm^2/Vs] $μ$	1880	8500	1140	900	300	3800
Saturation vel. [cm/s] v_s	1.1	2.2	2.2	2.5	2	1
Dielectric const. $ε$	11.9	13.1	9.66	8.9	9.14	5.7
Therm. conduct. [W/mK] $λ$	1.5	0.46	4.9	1.3	0.3	22
JFoM $(E_{max}v_s/2π)^2$	1	7.11	400	1435	119	3673
BFoM $(εμE_{max}^3)$	1	10.7	12.1	11.1	18.9	121
HMFoM $(E_{max}μ^{1/2})$	1	2.8	7.8	11.5	2.4	94.8
HCAFoM $(εμ^{1/2}E_{max}^2)$	1	4.16	63	143	11	3026
HTFoM $(λ/εE_{max})$	1	0.21	0.40	0.07	0.04	0.42

パワーエレクトロニクスの新展開

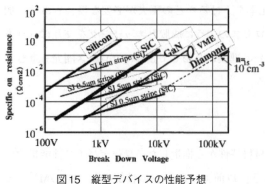

図15 縦型デバイスの性能予想

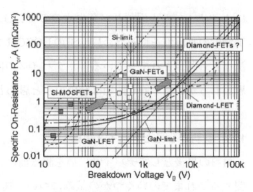

図16 横型デバイスの性能予想

用途へ向けたダイヤモンドデバイスとしての性能予測もされている。図15に縦型パワーデバイスを想定して計算予測された比較を示す[63]。デバイスでトレードオフの関係にあるオン抵抗と耐圧について二次元プロットしたものであり，SiC，GaNに比べて優位性があること，また特に難しい構造を採用せずとも，SiCでスーパージャンクション構造を採用した場合と比肩するレベルにあることが予想されている。これによると10KVで1mΩcm^{2}以下が可能である。パワーデバイスには大電流・大電力用の縦型デバイス以外に，比較的小電流・小電力分野では横型デバイスも多用されている。プロセスやエピがしやすく，集積化がしやすい利点があり，用途によっては十分可能性もある。横型パワーデバイス構造の場合でも，ダイヤモンドは高性能のGaN FETを越す予想が行われている[64]（図16）。これによると，高性能AlGaN/GaN HEMTに比肩できる性能が予想されており，1KV以上のところで優位性があるとされている。パワー用途にはノーマリオフデバイスの創りやすさも重要な要素となるであろう。横型デバイスでは，フィールドプレートなど電界集中抑制し耐圧確保するための周辺技術，高パワー化した場合の配線，熱設計，面積ロスなどの課題もあるが，製造のしやすさという観点，厚膜が不要であるという観点から，縦型とは違い比較的小電力用途でSi MOSFETの上をいくような用途が期待できる。

以上は，シリコンと同じ土俵で議論された場合である。高温でキャリアが増加するダイヤモンドの特性を考慮すると，高温では，さらに低オン抵抗，高電流密度が期待できる。

文　　献

1) H. Sumiya, N. Toda, Y. Nishibayashi, S. Satoh, *J. Crystal Growth*, 5, 1359（1996）
2) Landolt-Bornstein, Numerical Data and Functional Relationship in Science and

Technology, 17, Semiconductors, Springer-Verlag（1981）
3) The properties of natural and synthetic diamond, Academic Press（1991）
4) Physics Vade Mecum, American Institute of Physics, 日本版（1981）
5) コンパクト物理学, 丸善（1989）
6) B. J. Skinner, *Am. Mineral.*, **42**, 39（1957）
7) H. J. McSkimin and P. Andeatch, *J. Appl. Phys.*, **43**, 2944（1972）
8) H. LI and R. C. Bradt, *Dia. Relat. Mat.*, **1**, 1161（1992）
9) C. A. Brookes, The properties of diamond, Academic Press（1979）
10) J. Fontanella, R. L. Johnston, J. H. Colwell, C. Andeen, *Appl. Optics*, **16**, 2949（1977）
11) K. Higaki, H. Nakahata, H. Kitabayashi, S. Fujii, K. Tanabe, Y. Seki and S. Shikata, IEEE Ultrasonics, Ferroelectrics, and Frequency Control, **44**, 1395-1400（1997）
12) T. R. Anthony and W. F. Banholzer, *Phys. Rev. Lett.*, **70**, 3764（1993）
13) G. A. Slack and S. F. Bartram, *J. Appl. Phys.*, **46**, 89（1975）
14) J. Philip, P. Hess, T. Feygelson, J. E. Butler, S. Chattaopadhaya, K. H. Chen, and L. C. Chen, *J. Appl. Phys.*, **93**, 2164（2003）
15) J. R. Chelikowsky and S. G. Louie, *Phys. Rev.*, **B29**, 3470（1984）
16) S. Yamanaka, *Jpn. J. Appl. Phys.*, **37**, L1129（1998）
17) J. Isberg, J. Hammersberg, E. Johansson, T. Wikstrom, D. J. Twitchen, A. J. Whitehead, S. E. Coe, G. A. Scarsbrook, *Science*, **297**, 1670（2002）
18) Reggiani, L., D. Waechter, and S. Zukotynskii, *Phys. Rev.*, **B28**, **6**, 3550（1983）
19) Bogdanov, *Sov. Phys. Semicond.*, **16**, 720（1982）
20) L. Regiani, F. Nava, *Phys. Rev.*, **B23**, 3050（1981）
21) Ferry, *Phys. Rev.*, **B12**, 2361（1975）
22) Nava, F., C. Canali, C. Jacoboni, L. Reggiani, and S. F. Kozlov, *Solid State Commun.* **33**, 475（1980）
23) L. Reggiani, S. Bosi, C. Canali, F. Nava, and S. F. Kozlov, *Phys. Rev.*, **B23**, **6**, 3050（1981）
24) F. Maier, J. Ristein and L. Ley, *Phys. Rev.*, **B64**, 165411（2001）
25) Landstrass, M. I., M. A. Piano, M. A. Moreno, S. McWiUiams, L. S. Pan, D. R. Kama, and S. Han, *Dia. Relat. Mat.*, **2**, 1033（1993）
26) T. Tomikawa, Y. Nishibayashi, and S. Shikata, *Dia. Relat. Mat.*, **3**, 1389-1392（1994）
27) H. Watanabe, C. E. Nebel and S. Shikata, Int'l Conf. New Diamond and Nanocarbons, p202（2008）
28) P. N. Volpe, J. Perrot, P. Muret, and F. Omnes, *Appl. Phys. Lett.*, **94**, 192102（2009）
29) T. Teraji, M. Hamada, H. Wada, M. Yamamoto, and T. Ito, *Dia. Relat. Mat.*, **14**, 1747（2005）
30) E. A. Ekimov, V. A. Sidorov, E. D. Bauer, N. N. Melnik, N. J. Curro, J. D. Thompson and S. M. Stishov, *Nature*, **428**, 542（2004）
31) J. P. Lagrange, A. Deneuville, and E. Gheeraert, *Dia. Relat. Mat.*, **7**, 1390（1998）
32) R. Kalish, Thin Film Diamond, Chap. 3, Elsevier（2003）
33) N. Tsubouchi, M. Ogura, H. Kato, S. G. Ri, H. Watanabe, Y. Horino and H. Okushi, *Dia.*

Relat. Mat., **15**, 157（2006）
34) S. Koizumi, M. Kamo, Y. Sato, H. Ozaki and T. Inuzuka, *Appl. Phys. Lett.*, **71**, 1065（1997）
35) M. Katagiri, J. Isoya, S. Koizumi and H. Kanda, *Appl. Phys. Lett.,* **85**, 6365（2004）
36) H. Kato, S. Yamasaki and H. Okushi, *Appl. Phys. Lett.*, **86**, 222111（2005）
37) S. Koizumi, T. Teraji and H. Kanda, *Dia. Relat. Mat.*, **9**, 935（2000）, M. Katagiri, J. Isoya, S. Koizumi, and H. Kanda, *Appl. Phys. Lett.*, **85**, 6365（2004）
38) S. Koizumi, K. Watanabe, M. Hasegawa, and H. Kanda, *Dia. Relat. Mat.*, **11**, 307（2002）
39) 角谷，ダイヤモンドエレクトロニクスの最前線　第一章，シーエムシー出版（2008）
40) S. Matsumoto, Y. Sato, M. Kamo, N. Setaka, *J. Mater. Sci.*, **17**, 3160（1982）
41) Low pressure Synthetic Diamond, Springer（1998）
42) 茶谷原，ダイヤモンドエレクトロニクスの最前線　第二章，シーエムシー出版（2008）
43) P. K. Bachmann, *et al., Dia. Relat. Mat.*, **1**, 1（1991）
44) C. Wild, *et al., Dia. Relat. Mat.,* **3**, 373（1994）
45) S. Shikata, Low pressure Synthetic Diamond, Chap. 14 Springer Verlag（1998）
46) 鹿田真一，弾性波デバイス技術3章，オーム社（2003）
47) Y. Mokuno, A. Chayahara, Y. Soda, H. Yamada, Y. Horino, N. Fujimori, *Dia. Relat. Mat.,* **15**, 455（2006）
48) Y. Mokuno, A. Chayahara and H. Yamada, *Dia. Relat. Mat.*, **17**, 415（2008）
49) Y. Mokuno, A. Chayahara, H. Yamada　and N. Tsubouchi, *Materials Science Forum*, **615-617**, 991（2009）
50) 梅澤，杢野，山田，茶谷原，鹿田，第56回応用物理学会関係連合講演会，1p-TC-3（2009）
51) 目黒，西林，今井，SEIテクニカルレビュー163, 53（2003）
52) K. L. Moazed, R. Nguyen, J. R. Zeidler, *IEEE Electr. Dev. Lett.*, EDL-7, 350（1988）
53) H. Shiomi, H. Nakahata, T. Imai, Y. Nishibayashi, and N. Fujimori, *Jpn. J. Appl. Phys.*, **28**, 58（1989）
54) M. Yokoba, Y. Koide, A. Otsuki, F. Ako, T. Oku and M. Murakami, *J. Appl. Phys.*, **81**, 6815（1997）
55) Y. Nishibayashi, N. Toda, H. Shiomi, and S. Shikata, 4th Int'lConf. New Diamond Science and Technology, Proc. 717（1994）
56) M. Liao, J. Alvarez, Y. Koide, *Dia. Relat. Mat.*, **14**, 2003（2005）
57) K. Ikeda, H. Umezawa, K. Ramanujam, and S. Shikata, *Appl. Phy. Express*, **2**, 011202（2009）
58) D. S. Hwang, T. Saito and N. Fujimori, *Dia. Relat. Mat.*, **13**, 2207（2004）
59) H. W. Choi, E. Gu, C. Liu, C. Griffin, J. M. Girin, I. M. Watson and M. D. Dawson, *J. Vac. Sci. Tecnol.*, **B20**, 130（2005）
60) T. Yamada, H. Yoshikawa, H. Uetsuka, S. Kumaragurubaran and S. Shikata, *Dia. Relat. Mat.*, **16**, 996（2007）
61) B. J. Baliga, *J. Appl. Phys.*, **53**, 1759（1982）
62) A. Q. Huang, *IEEE Elect. Dev. Lett.*, **25**, 298（2004）

第3章 ダイヤモンド半導体

63) 大橋, FEDジャーナル, 11, No. 2, 3 (2000)
64) W. Saito, I. Omura, T. Ogura and H. Ohashi, *Solid State Electronics*, 48, 1555 (2004)

2　デバイス

2.1　はじめに－現状と課題－

嘉数　誠*

ダイヤモンドは5.47eVの間接遷移型の禁制帯幅を持った半導体である。半導体中で最高の絶縁耐力（絶縁破壊電界強度）（>10MV/cm）を持ち，デバイスの絶縁破壊電圧を高くすることができる。また物質中で最高の室温熱伝導率（22W/cmK）を持ち，放熱性に優れているので，動作中のデバイスの温度上昇を抑えることができる。それに加え，ダイヤモンドは高いキャリア移動度（電子，4500cm^2/Vs，正孔，3800cm^2/Vs）[1]，飽和ドリフト速度（電子，1.5×10^7cm/s，正孔，1.1×10^7cm/s）[2] を持つ。実際にジョンソン・デバイス性能指数に物性定数を入れて計算してみると，理想的なダイヤモンドは半導体の中で，最も優れた高周波電力デバイス性能を示すことが予想されている[3]。

しかしダイヤモンドには解決しなければならない技術的問題が数多く残されている。その中でも単結晶の大面積化とデバイスに利用可能なドーピング技術は特に重要である。

はじめに大面積結晶の現状について述べる。表1は様々な材料，結晶性，面方位の基板上に結晶成長したダイヤモンド薄膜の特徴をまとめたものである。電子デバイスの観点からキャリア移動度は，ダイヤモンドの結晶性や残留不純物濃度に強く依存するが，(001)面方位の高温高圧合成単結晶ダイヤモンド基板上にマイクロ波プラズマCVD法で成長したホモエピタキシャルダイヤモンド薄膜が比較的得られやすい高品質薄膜であるため，デバイス研究では広く用いられている。高温高圧合成単結晶基板は，住友電工ハードメタル社と英国のエレメントシックス社から入手できる。住友電工ハードメタル社から（001）面方位では最大4×4mm^{2}の正方形の板状の単結晶や，最大直径5mm程度の円盤状（この場合，周囲の加工なし）の単結晶，(111)面方位では最大3×3mm^{2}の正方形の板状の単結晶が入手できる[4]。しかしエピタキシャル薄膜表面の寸法は基板表面の寸法で決まるので，エピタキシャル薄膜も数ミリの大きさしか得られないという問題がある。

最近になって，エレメントシックス社からCVD合成されたダイヤモンド結晶が市販されるようになった[5]。単結晶の面方位は（001）と（110）があり最大寸法4.5×4.5mm^{2}の正方形の板状の単結晶が入手できる。その上に直接デバイスを作製することができ，基板は不要である。またCVD合成多結晶では光学グレードで直径120mmのものが，電子グレードで50mm角のものが入手できる。

---

*　Makoto Kasu　日本電信電話㈱　NTT物性科学基礎研究所　薄膜材料研究グループ・リーダー；主幹研究員

第3章　ダイヤモンド半導体

表1

ダイヤモンド成長層の結晶性	基板	備考
単結晶（ホモエピタキシャル）ダイヤモンド	高温高圧合成ダイヤモンド （001）面方位 （111）面方位	最大　4mm×4mm 最大　3mm×3mm
CVD単結晶ダイヤモンド （001）面方位 （110）面方位	不要	最大　4.5mm×4.5mm
CVD多結晶ダイヤモンド 電子グレード 光学グレード	不要	最大　50mm×50mm 最大　直径120mm
高配向ダイヤモンド	イリジウム（Ir）	
多結晶ダイヤモンド	単結晶シリコン（Si）	ダイヤモンドパウダーの種付けが必要

　他方Ir基板上には高配向（結晶方位が比較的揃った多結晶）したダイヤモンド膜を成長することもでき、原理的に大面積化ができるため期待されている。また単結晶Si基板は大型ウェハが入手できるため、その上にダイヤモンドを成長できれば大面積結晶を得ることができるが、Si基板表面上ではダイヤモンドの核発生が起こらないため、ダイヤモンドパウダーの種付け（seeding）をしなければならない。ダイヤモンドはこの種結晶から成長するため、ダイヤモンド薄膜は多結晶になる。このように成長した多結晶ダイヤモンドは米国sp3社から市販されている[6]。

　次にドーピング技術の現状について述べる。n型では燐（P）が0.6eV、窒素（N）が1.7eVの活性化エネルギーを示すが、活性化エネルギーが高すぎ、室温動作に必要な電子濃度を得ることはできない。一方p型ではホウ素（B）が最も低い活性化エネルギーを示すが、それでも0.37eVもあり、やはり室温動作に必要な正孔濃度を得ることができない。

　このように実用のデバイスの利用可能なアクセプターやドナー不純物はいまだに見つかっていないが、それに代わる2つのドーピング技術が提案されている。第一は、デルタドーピング（delta doping）である。この方法は表面からの距離に対して、不純物濃度を零から$10^{21}cm^{-3}$までデルタ関数的に変化させたドーピングである[7]。二次元的なドーピングなのでシートドーピング（sheet doping）とも呼ばれている。前述したようにBの活性化エネルギーは0.37eVであるが、B濃度を高くしていくと活性化エネルギーは低下し、$10^{20}cm^{-3}$以上のB濃度では活性化エネルギーはほぼ零になり、ほとんど全てのBが活性化する。もちろんB濃度を高くすると、イオン不純物散乱の影響が大きくなり移動度は減少していくが、Bに束縛された正孔の波動関数の大きさは、デルタドーピングしたB高濃度ドーピング層厚の最小限界の1nmより大きいため、正孔はドーピング層の外側にも染み出し、平均的な正孔移動度は、一様にドーピングする場合ほど低下しないという原理に基づいている。このデバイスへの応用例は、本稿の2.4節で述べる。

　第二は水素終端表面を使う方法である[8]。マイクロ波CVD装置内などで水素プラズマに晒さ

れたダイヤモンド表面の炭素原子の未結合手は水素原子で終端されている。これを水素終端表面と呼ぶが，その試料を大気に取り出すと，機構は完全に解明されていないが，表面近傍に正孔が誘起され，p型伝導を示す。その室温移動度は100～150cm^2/(Vs)程度とバルク内の移動度に比べ1桁程度低く，デバイス動作時の安定性に問題があるが，室温正孔濃度は0.5～1×10^{13}cm^{-2}とデバイス動作には十分であり，活性化エネルギーは約2meVで非常に低いため，研究レベルのデバイスとして用いられている。これを用いたデバイスは2.5節以下で述べる。

2.2 ダイヤモンド・パワーダイオード

パワーダイオードの特性では，オフ耐圧とオン抵抗が重要なパラメーターである。ワイドギャップ半導体は，禁制帯が広いため，オフからオンになる閾バイアス電圧が，本質的に高くなる。オン時の損失には，この閾バイアス電圧分の損失も常に加わるため，ダイヤモンドは低動作電圧での応用には不利であると思われる。一方Si IGBTは1kVの絶縁耐圧の見通しが得られていることを考えると，ダイヤモンド・パワーダイオードは，1kV以上の高耐圧が必要であろう。

米国のNaval Research Labs.のグループは，p$^-$層（Bアクセプター濃度1×10^{16}cm^{-3}，N不純物濃度＜3×10^{13}cm^{-3}）とCrショットキー電極で構成されたショットキーダイオードを作製し，300Ωcm^{2}と順方向抵抗は高いが，＞6kVの絶縁耐圧を得ている[9]。また英国のElement Six社のグループは，i層（18μm厚，Bアクセプター濃度＜1×10^{13}cm^{-3}）/p$^+$層（300μm厚，Bアクセプター濃度＞1×10^{19}cm^{-3}）構造とTi-Al-Auショットキー電極で構成された縦型ショットキーダイオードを作製し，順方向電圧20Vにおける10A/cm^{2}の電流密度と逆方向では2.5kVの絶縁耐圧を報告している[10]。その順方向電流は，正孔の高移動度4100cm^2/Vsのi層内を空間電荷制限電流として流れていると報告している。

2.3 ダイヤモンド・ダイオードの高温動作

ダイヤモンドは，無酸素の環境では，2000℃まで化学的に安定であり，高温動作が期待できる。ドイツUlm大学では，p層（Bアクセプター濃度＜1×10^{17}cm^{-3}）とSi-W：Si：N-Auショットキー電極で構成されたショットキーダイオードを作製し，＞1000℃で動作させ整流特性を確認している[11]。また産総研は，Ruのように界面でカーバイドを形成しない金属をショットキー電極に用いたダイオードを，400℃で動作させ1500時間経過してもほとんど劣化しないと報告している[12]。

2.4 デルタドープ・ダイヤモンドFET

デルタ・ドーピングは正孔移動度をあまり減少させずに，Bアクセプターをほぼ完全に活性化

することができる。ドイツ・ウルム大学は，デルタ・ドーピングしたFET（ゲート長0.8μm）を作製し，ドレイン電流30mA/mm，遮断周波数f_T＝1GHz，f_{MAX}＝3GHzを得ている[13]。

2.5 水素終端ダイヤモンドFET

水素終端表面は，$1 \times 10^{13} cm^{-2}$の正孔濃度が得られるドーピング方法である。図1に水素終端ダイヤモンドFET試料の全体写真と断面構造を示す。ダイヤモンド・ホモエピタキシャル層の上にFETを作製した。水素終端表面では，表面から数nmの位置に二次元正孔チャンネルが形成される。次にソースとドレイン電極としてAuを水素終端ダイヤモンドに直接蒸着している。次に電子ビームリソグラフィーを用いてゲート領域のパターンニングを行った後，ゲート電極としてAlを水素終端ダイヤモンド表面に直接蒸着する。Alと水素終端ダイヤモンドとの界面には自然形成した絶縁層が存在している。写真のようにT型形状のゲート電極にすると，高周波特性を悪化させるゲート抵抗を下げることができ，遮断周波数を向上させることができる。最後にリフトオフしFETは完成する。

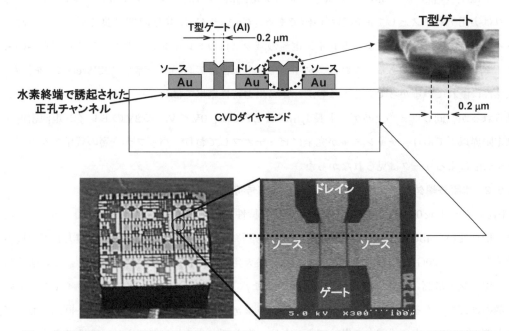

図1 水素終端ダイヤモンドFET試料の全体写真，デバイス写真，断面構造，ゲートの断面SEM像

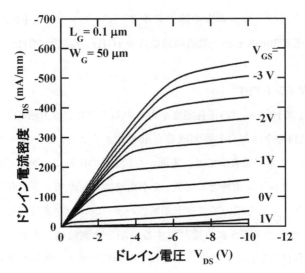

図2 水素終端ダイヤモンドFETのDCドレイン電流電圧特性

2.5.1 水素終端ダイヤモンドFETの直流特性

図2にゲート長（L_G）が0.1μmのFETのDCドレイン電流（I_{DS}）電圧（V_{DS}）特性を示す。ゲート電圧（V_{GS}）が−3.5Vでの最大ドレイン電流密度（I_{DS}）は0.55A/mmに達している[14]。これは実用デバイスとして遜色のない値である。GaAsやGaN電力FETで良く見られる，高ドレイン電流領域での発熱によるドレイン電流の減少（負のドレインコンダクタンス）がないのもダイヤモンドの特徴である。これは，ダイヤモンドが極めて高い熱伝導率（22W/cmK）を持ち，放熱性に優れているからである。このデバイス出力特性結果ではショートチャンネル効果が少し見られるが，同じウェハ上のゲート長1μmのFETでは，0V＜V_{GS}＜2Vのドレイン電流密度が測定限界以下であり，チャンネルが完全にピンチオフしており，バッファー層の残留アクセプターや欠陥によるリークは見られなかった。

2.5.2 水素終端ダイヤモンドFETの高周波小信号特性

図3にゲート長0.1μmのFETの高周波小信号特性を示す。図3（a）の電流利得｜h_{21}｜^{2}の周波数依存性から45GHzの電流利得遮断周波数（遷移周波数f_T）が，図3（b）の電力利得の周波数依存性から120GHzの電力利得遮断周波数（最大発振周波数f_{MAX}）が得られた[14]。このようにダイヤモンドは高い遮断周波数が得られる。またf_{MAX}/f_T比が約2.6と高いのもダイヤモンドの特徴のひとつである。これはダイヤモンドのバッファーの高抵抗を反映しており，回路において出力側の負荷に効率良く電力を供給できるため，電力デバイスとして望ましい特性である。

2.5.3 水素終端ダイヤモンドFETの自然形成ゲート絶縁層

水素終端ダイヤモンドFETの動作原理を明らかにするために，ゲート容量C_{GS}，高周波相互コ

第3章　ダイヤモンド半導体

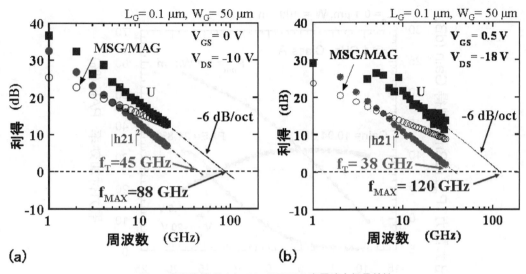

図3　水素終端ダイヤモンドFETの高周波小信号特性

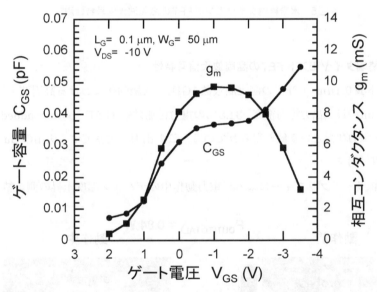

図4　相互コンダクタンス（g_m），ゲート容量（C_{GS}）のゲート電圧（V_{GS}）依存性

ンダクタンスg_mのゲート電圧V_{GS}特性を調べた。その結果を図4に示す[15]。V_{GS}が−0.5〜−2.0Vの範囲で，C_{GS}は一定の値をとることがわかる。この特性は，ゲート金属と二次元正孔チャンネルとの間に，正孔に対するエネルギー障壁（絶縁層）が存在することを示している。実際，ゲート部分の断面TEM観察から，自然形成したアモルファスの界面層（厚さ7〜10nm）が確認されており，ゲート容量電圧特性結果を裏付けている。

パワーエレクトロニクスの新展開

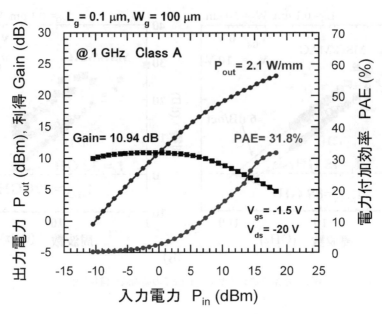

図5　水素終端ダイヤモンドFETの高周波大信号特性測定

2.5.4　水素終端ダイヤモンドFETの高周波大信号特性

図5にゲート長0.1μmのFETの測定周波数1GHz，A級動作における高周波大信号特性を示す[16]。2.1W/mmの最大出力電力密度，31.8％の電力付加効率（PAE，power-added efficiency），10.9dBの最大電力利得という値が得られている。この出力電力密度は，実用のGaAs FETのほぼ2倍の値に相当する。

図6は赤外線サーモグラフィーによる，電力動作中のデバイス温度上昇の測定結果である[17]。

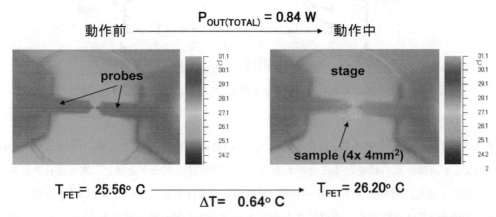

図6　高周波電力動作前と動作中の赤外線サーモグラフィー像のよるデバイス温度測定

第3章　ダイヤモンド半導体

高周波電力動作前（左）と動作中（右）を比較すると，全消費電力0.84Wの動作によってデバイス温度は0.6℃しか上昇しないことがわかった。この温度上昇は，GaAs FETの温度上昇の約50分の1に過ぎない。物理的には，温度上昇は材料の熱伝導率に反比例するため，GaAsの熱伝導率（0.46W/cmK）とダイヤモンドの熱伝導率（22W/cmK）の比から，もっともな測定結果である。実用の高周波電力デバイス設計では放熱性を含む熱マネージメントが極めて重要であるが，省エネルギーの観点から興味深い結果である。

2.6　まとめ

本節では，ダイヤモンド・デバイスの現状と課題について述べた。ダイヤモンド単結晶の大面積化と実用可能なドーピング技術の開発は課題であるが，現在，研究室レベルで得られているFET特性からは高周波電力デバイスのダイヤモンド固有の優れた物性を垣間見ることができると思われる。

文　献

1) J. Isberg, J. Hammersberg, E. Johansson, T. Wikstrom, D. J. Twitchen, A. J. Whitehead, S. E. Coe, and G. A. Scarsbook, "High carrier mobility in single-crystal plasma-deposited diamond", *Science*, **297**, no.5576, pp.1670-1672（Sep 2002）
2) L. Reggiani, S. Bosi, C. Canali, F. Nava, and S. F. Kozlov, *Phys. Rev.*, **B23**, 3050（1981）
3) E. Kohn and W. Ebert, "Low-Pressure Synthetic Diamond", Eds. B. Dischler, Springer（1998）
4) http://www.sumitool.com/
5) http://www.e6.com/en/businessareas/e6advancedmaterials/products/title,334,en.html
6) http://www.sp3diamondtech.com/products.asp
7) H. El-Hajj, A. Denisenko, A. Bergmaier, G. Dollinger, M. Kubovic, and E. Kohn, *Diamond and Related Materials*, **17**, 409-414（2008）
8) H. Kawarada, "Hydrogen-terminated diamond surfaces and interfaces", *Surface Science Report*, **26**, 205（1996）
9) J. E. Butler, M. W. Geis, K. E. Krohn, J. Lawless Jr, S. Deneault, T. M. Lyszczarz, D. Flenchtner, and R. Wright, "Exceptionally high voltage Schottky diamond diodes and low boron doping", *Semicond. Sci. Technol.*, **18**, S67-71（2003）
10) D. J. Twitchen, A. J. Whitehead, S. E. Coe, J. Isberg, J. Hammersberg, T. Wikstron, and E. Johansson, *IEEE Trans. Electron Device*, **51**, 826（2004）
11) A. Aleksov, A. Denisenko, M. Kunze. A. Vescan, A. Bergmaier, G. Dollinger, W. Ebert,

and E. Kohn, "Diamond diodes and transistors", *Semicond. Sci. Technol.*, **18**, S59-66 (2003)

12) K. Ikeda, H. Umezawa, K. Ramanujam, and S. Shikata, "Thermally stable Schottky barrier diode by Ru/diamond", *Appl. Phys. Exp.*, **2**, 011202 (2009)

13) H. El-Hajj, A. Denisenko, A. Kaiser, R. S. Balmer, and E. Kohn, "Diamond MISFET baed on boron delta-doped channel", *Diamond and Related Materials*, **17**, 1259-1263 (2008)

14) K. Ueda, M. Kasu, Y. Yamauchi, T. Makimoto, M. Schwitters, D. J. Twitchen, and G. A. Scarsbrook, S. E. Coe, "Diamond FET using high-quality polycrystalline diamond with fT of 45 GHz and fmax of 120 GHz", *IEEE Electron Device Letters*, **27**, 570 (2006)

15) M. Kasu, K. Ueda, Y. Yamauchi, and T. Makimoto, "Gate capacitance-voltage characteristics of submicron-long-gate diamond field-effect transistors with hydrogen surface termination", *Appl. Phys. Lett.*, **90**, 043509 (2007)

16) M. Kasu, K. Ueda, H. Ye, Y. Yamauchi, S. Sasaki, and T. Makimoto, "2 W/mm output power density at 1GHz for diamond FETs", *Electronics Letters*, **41**, 1249 (2005)

17) M. Kasu, K. Ueda, H. Ye, Y. Yamauchi, S. Sasaki, and T. Makimoto, "High RF output power for H-terminated diamond FETs", *Diamond and Related Materials*, **15**, 783-786 (2006)

第4章　応用編

1　次世代モーダルシフト

内藤治夫*

モーダルシフト（Modal Shift）は，元来は，国土交通省が主唱する，貨物の大量輸送に関わる従来の方式（モード）の転換（シフト）である．具体的には，トラックによる幹線貨物輸送を，鉄道および海運に切り換えることである．鉄道と海運は輸送のためのエネルギー消費量がトラックに比べて格段少なく大量輸送が可能だからである．

その狙いは，
- 二酸化炭素排出量の削減
- エネルギー消費効率の改善
- 交通渋滞の緩和，交通事故の抑制　等

である．運輸部門の最終エネルギー消費量は，その約90％を自動車が占めている．温暖化ガス排出抑制のためには自動車部門に注力することが最も効果が高い．この点に着目しているのが国土交通省の主唱するモーダルシフトである．図1に国土交通省によるモーダルシフトによるCO_2排出量抑制効果の試算例を示す．この例によると，同一量の貨物輸送で排出するCO_2の量は，トラックと比較して，鉄道なら1/7，内航海運なら1/4に削減できる．

本節で解説するのは，パワーエレクトロニクス技術を活用したモーダルシフトである．これを，国土交通省のモーダルシフトと区別するため，本節では，次世代モーダルシフトと呼ぶこととする．発想の基本と狙いは国土交通省のモーダルシフトと同じである．違いは，主に乗用車と鉄道との組合せによることである．その基本概念を図2[1)]に示す．図中，HEVはハイブリッド自動車，EVは電気自動車，LRTは（Light Rail Transit：在来線と路面電車のいわば中間の鉄道）である．家庭，事務所，店舗などから最寄りの鉄道の駅までHEV，EVや，LRTで移動し，後は鉄道を利用しようとするものである．パークアンドライドとも呼ばれる．最寄りの鉄道の駅まで自動車で行き駅の駐車場に駐車（パーク）し，そこから目的地まで電車に乗る（ライド）という利用形態（モード）である．

この試みは既に㈱富山ライトレールや三岐鉄道㈱などで実施されて一定の効果を上げている．

---

*　Haruo Naitoh　岐阜大学　工学部　人間情報システム工学科　教授

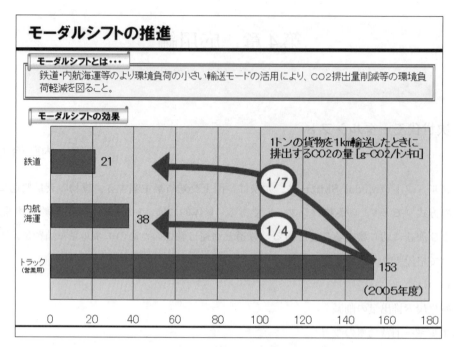

図1　モーダルシフトの効果試算例
出典：国土交通省ホームページ
http://www.mlit.go.jp/seisakutokatsu/freight/butsuryu03350.html

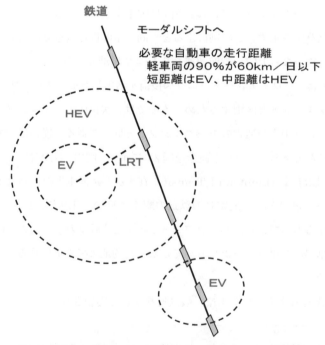

図2　自動車と鉄道との組合せによるモーダルシフトの概念図

第4章 応用編

㈱富山ライトレールはLRT，三岐鉄道㈱は在来線である。これらの例では自動車としては必ずしもHEVやEVを想定しておらず，従来の自動車を前提としている。

本節では，パワーエレクトロニクス技術の活用の観点から，自動車としてはHEVやEVを前提とする。次世代モーダルシフトには，自動車自体の技術革新と併せて，その活用環境の整備，利用形態の工夫も必要である。

次項以降では，この自動車（HEV，EV）＋鉄道による次世代モーダルシフトについて，その核となるHEV，EVの技術およびその動向と，鉄道における受け入れ環境の整備の現状について解説する。

1.1 自動車（HEV，EV）

本項では，パワーエレクトロニクスの観点から，HEVおよびEVのモータドライブに関連した技術に重点を置いて解説する。

HEVおよびEVのモータとして，当初は誘導電動機や直流電動機なども検討されたが，現在では永久磁石同期電動機が主流である。本節ではこれをACサーボモータと呼ぶこととする。

1.1.1 磁石材料の進歩

ACサーボモータが主流になり得た大きな理由の一つに磁石材料がある。永久磁石材料として代表的なものは，酸化鉄を主剤とするフェライト系磁石である。これは単なる磁石として家庭やオフィスなどでも使われている。強力磁石としては，希土類を用いたSm-Co（サマリウム・コバルト）系磁石がまず開発された。その後，同じく希土類のネオジウムを主要成分とするNd-Fe-B（ネオジウム・鉄・ボロン）系磁石が開発され現在に至っている。

図3にて各種磁石を，磁石の強さの尺度である最大エネルギー積で比較する。Nd-Fe-B系磁石は現時点で約55MOe程度である。これは，ごく普通の磁石であるフェライト磁石の約10倍の強さである。Nd-Fe-B系磁石の最大エネルギー積の理論限界値は約65MOeと予測されており，年々限界値に近づきつつある。

ネオジウムは，「希土」類とは言いながら，サマリウムやコバルトとは異なり，埋蔵量が多く，素材そのものの価格はそれ程高くはなかった。それよりも，粉末の素材から製品を成形・加工する基本製造技術の特許が高コストの原因であった。2000年代初めにこの製造に関わる基本特許が切れたことで，Nd-Fe-B系磁石の低価格化が進んだ。

Nd-Fe-B磁石のもう一つの難点は許容温度の上限が低いことにあった。1990年代では，百数十度が限界で，モータとして使用するには，その設置場所や冷却装置の取り付けなどに大きな制約があった。現在の許容温度上限は200℃程度にまで達しており，モータ用としてかなり使いやすくなってきている。

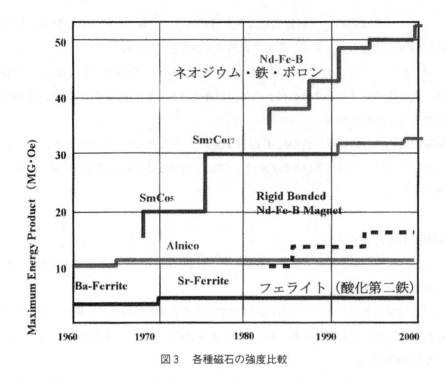

図3　各種磁石の強度比較

　これらの磁石材料の進歩に伴い，ACサーボモータの開発と実用が進展したのである。図4[2])にNd-Fe-B磁石の全生産量と，その内モータに使用された量の推移を示す。2000年までは両者とも同じ増加傾向であったが，2000年以降はモータ用使用量の増加が著しいことが分かる。

　Nd-Fe-B磁石の製造基本特許が切れるまでは，モータ用の永久磁石としては，もっぱらフェライト磁石が使われていた。磁力が弱いため，モータ容量としては，せいぜい数百Wが上限で，用途も家電機器やOA機器に限定されていた。

　Nd-Fe-B系磁石が主流となった現在では，その磁力の強さの恩恵で，数十kWの容量のモータも実用可能となっている。産業用機器，交通・昇降機，工作機，ハイブリッド自動車，電気自動車，家電製品ではあるが容量の大きいエアコン用など，従来主に誘導モータが使われていた用途での適用が進んでいる。さらには，従来はフェライト磁石を使用していた上記の家電機器やOA機器にも広がりつつある。

1.1.2　磁石材料の問題点

　前項ではNd-Fe-B磁石の価格は高くなかったと記述したが，それは2000年代初頭までで現在では状況が一変しつつある。先述したように，ネオジウムは希土類とはいうものの埋蔵量が多い。ただし中国一国に偏在している。1990年代頃はネオジウムの価格はさほど問題視されなかった。中国の外貨獲得の国策のため価格が低く抑えられていたためである。現在，問題となって

第4章　応用編

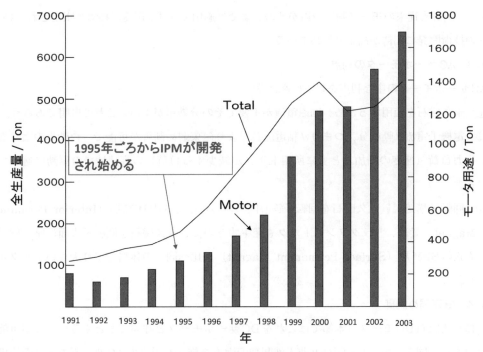

図4　各種磁石の強度比較
電気学会誌，124巻，11号，p.695（2004）

いるのは，昨今の資源ナショナリズム，資源囲い込みの流れの中で中国の国策が一転しネオジウムの価格が暴騰したことである。

　材料成分に関してもう一つ問題点がある。現在の永久磁石モータの磁石はネオジウム－鉄－ボロン磁石とはいうものの，その名に現れない重希土類金属であるディスプロシウムが，実用上，保磁力の維持・向上に欠かせない。ネオジウム－鉄－ボロン磁石のディスプロシウムの含有量は，現在のハイブリッド自動車用途で，重量比10％程度である。ネオジウムとは異なりディスプロシウムは文字通り「希土」類で埋蔵量が少ない。昨年秋以降の世界不況のため自動車需要が激減しているが，もしその直前までの好調なハイブリッド自動車の生産の伸びから類推すると，ディスプロシウムはハイブリッド自動車トップメーカー社だけの使用で数十年ともたないと推定されている。世界不況のため多少その「寿命」は伸びるであろうが，枯渇の時期がそう遠くはないという危険性がある。したがって今後，Nd-Fe-B磁石でのディスプロシウムの使用量を減らす技術の開発，ディスプロシウムに代替できる安価な成分の発見，さらにはNd-Fe-Bとは全く異なる組成材料を用いる新しい永久磁石の発明が待望される。

　別の解決策としては，永久磁石を使わない高効率・小型モータの開発がある。その候補の一つにスイッチトリラクタンスモータがある。このモータは現状では磁歪による騒音とトルク脈動が

大きく，制御も従来のモータ制御技術がそのままでは適用できず，用途が極めて限定されている。今後の技術開発に期待が高まり始めている。

1.1.3 ACサーボモータの利点

ACサーボモータの主な利点を以下に挙げる。

① 永久磁石を使用するため，励磁電流が不要でその分効率がよい。これは自明であろう。

② 電機子電流d軸成分，つまりd軸電流i_dにより磁束弱め制御が可能で，自動車のような定出力負荷（速度の増加とともに所用トルクが減少する負荷）の高速域での駆動に適している。

③ 回転子構造が，永久磁石を回転子鉄心内に差し込む方式のIPM形（Interior Permanent Magnet）では，リラクタンストルクも発生するので，永久磁石を回転子表面に貼り付ける方式のSPM形（Surface Permanent Magnet）に比べ同一の体格でより大きいトルクが得られる。

1.1.4 磁束弱め制御

②は永久磁石DCモータ（本節ではこれをDCサーボモータと呼ぶこととする）では不可能なことである。図5にベクトル制御と非干渉制御の両方を施した場合のACサーボモータの等価回路を示す。ACサーボモータは三相交流機で，その次元数，ないしは自由度は2である。三相と言えども，図6に示すように，電機子巻き線がY結線で，その中性点が接地されないので，3次元ではなく，2次元なのである。ゆえに，図5に示したように，トルク電流i_qに対応するq軸等価回路と，界磁電流i_dに対応するd軸等価回路の，2つの等価回路が独立して存在するのである。i_dを負に制御すれば，その発生する磁束が永久磁石の磁束の一部を相殺するので，磁束弱め制御ができるのである。

DCサーボモータは直流であるので次元が1で，等価回路としてはACサーボモータのq軸等価回路に相当する回路しか存在しない。つまり界磁電流に相当する電流が存在しないので，磁束弱め制御が不可能なのである。

図7[3]に，自動車が要求するトルク（モータにとっての負荷トルク）の最大値の，速度に対する特性を示す。始動時など低速域では大きいトルクを要求するが，高速になるにつれ必要とする負荷トルクは低減する。これに対応し，モータが発生すべきトルク最大値も，図7の特性を覆うよう図8とすればよい。図中，Ⓐの領域での運転は定トルク駆動と呼ばれ，トルク最大値T_{qMAX}が一定である。ACサーボモータのトルクは，q軸電流（トルク電流）最大値をi_{qMAX}，磁石磁束をΦ_{MG}，トルク係数をK_Tとすると

$$T_{qMAX} = K_T \Phi_{MG} i_{qMAX} \tag{1}$$

第4章　応用編

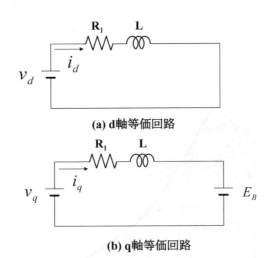

(a) d軸等価回路

(b) q軸等価回路

図5　ACサーボモータのdq軸等価回路

★電流を例に取り考察
通常の三相交流電動機は中性点を接地しないから

$$i_{1U} + i_{1V} + i_{1W} = 0$$

変数は3つだが、制約条件が1つついて、二次元

図6　電機子巻き線

である。Ⓐの領域では磁束を一定値（最大値）に保ち，i_{qMAX}は定格値（許容最大値）で一定であるからT_{qMAX}も一定である。逆起電力E_Bは，回転速度をNとして

$$E_B = K_T \Phi_{MG} N \tag{2}$$

であるから，E_BはNに比例して増加する。ⒶとⒷの境界の速度を基底速度N_{BASE}と呼ぶ。N_{BASE}にてE_Bがその最大値E_{BMAX}となるよう，モータの設計によりK_Tを決める。E_{BMAX}はACサーボモータの電源であるインバータのq軸電圧最大値$V_{qINVMAX}$より小さく定める。そうしないとi_qを流すことができない。

Ⓑ領域では，モータトルクは図8に示したように低減させてよい。式(1)より，自由度はΦ_{MG}にしかない。Φ_{MG}は永久磁石の発生する磁束で一定不変であるから，図5の界磁電流i_dを負に制御してΦ_{MG}を相殺する。他方，Ⓑ領域では，式(2)より，NがN_{BASE}より大きくなるので，その

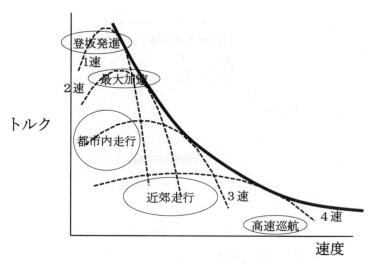

図7　エンジンのトルク速度特性

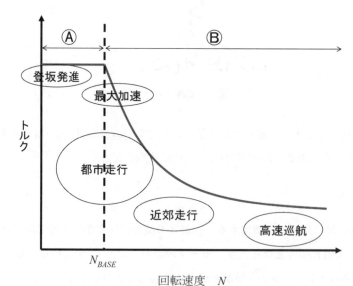

図8　エンジンのトルク速度特性

第4章 応用編

ままではE_Bが$V_{qINVMAX}$を上回りi_qを正方向に流すことができない。つまり正トルクを発生できないという問題が生じる。上記のようにΦ_{MG}を相殺すればE_Bも減少するので，この問題を解消でき，理にかなっている。N_{BASE}でのE_BはE_{BMAX}で，式(2)より

$$E_{BMAX} = K_T \Phi N_{BASE} \tag{3}$$

である。i_dはその発生する磁束により相殺された後の合計磁束Φが

$$\Phi = \frac{E_{BMAX}}{K_T} \frac{1}{N} \tag{4}$$

となるよう制御する。こうすると，ΦはNに反比例するので，Ⓑ領域でのT_{qMAX}は，図8に示したように双曲線をたどる。

1.1.5 IPM形ACサーボモータ

図9にSPM形とIPM形のACサーボモータの回転子の断面図の例を示す。図10は両モータの発生トルクT_qとベータ角βの関係を示している。βは，図11に示したように，i_dとi_qとのなす角である。SPM形ではT_qは，「磁石トルク」と呼ばれる。図10にて太い破線で示したように，βに対し正弦波状に変化し，$\beta=0°$で最大値を取る。駆動に際しては，当然，$\beta=0°$となるよう，インバータ電圧を制御する。そのためには，d軸の向き，つまりは回転子の向き，ないしは位置を常に検知する必要がある。ACサーボモータのベクトル制御に回転子位置センサが必須なのはこのことによる。これを使わない技術が，センサーレス制御である。

IPM形ACサーボモータでは，磁石トルクの他にリラクタンストルクも発生する。図10にて細い破線で示したように，これもβに伴い変化する。IPM形ACサーボモータの全発生トルクは，磁石トルクとリラクタンストルクの和で，図10では太い実線で示した。これは下式で与えられる。

$$T_q = P\{\Phi i_q + (L_d - L_q)i_d i_q\} = P\left\{\Phi i_A \cos\beta + \frac{(L_q - L_d)}{2} i_A^2 \sin 2\beta\right\} \tag{5}$$

ここで，Pは極対数，L_d, L_qはそれぞれd軸およびq軸インダクタンス，i_Aは電機子電流ベクトルで，

$$i_A = \sqrt{i_d^2 + i_q^2} \quad i_d = i_A \sin\beta \quad i_q = i_A \cos\beta \tag{6}$$

の関係がある。

このトルクは$\beta=\beta'$にて最大値を取る。その値は磁石トルクのみのSPM形ACサーボモータのトルクよりも大きい。つまり同一の体格で，IPM形ACサーボモータの方が大きいトルクが得られる利点がある。EVやHEVでIPM形がもっぱら用いられる理由がここにある。

(a) SPM:回転子：6極機の例　　**(b) IPM:回転子：8極機の例**

図9　ACサーボモータ回転子の断面図

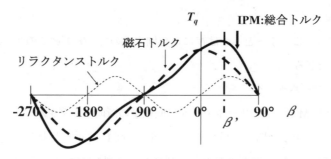

図10　発生トルクT_qとベータ角βの関係

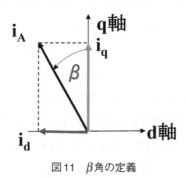

図11　β角の定義

β'の値は下式により定式化されている[4]。

$$\beta' = \arcsin \frac{\sqrt{\Phi_{MX}^2 + 8(L_q - L_d)^2 I_A^2} - \Phi}{4(L_q - L_d) I_A} \tag{7}$$

式(7)にはインダクタンスが含まれ，実際の運転ではその飽和の影響が無視できない場合もある。製品化されているハイブリッド自動車では，実測により，電流と磁束をキーとしてβ'を定めるテーブルにより，瞬時瞬時β'を求めているものもある。

1.1.6　EV，HEV駆動時の問題点

EV，HEVの電源はバッテリーで，車載するためその電圧はあまり大きくはできず，現在製品

化されているHEVでは，200V程度である。EV，HEVではモータの最高回転速度が高い。式(2)から逆起電力E_Bは回転速度に比例するからE_Bの最大値も大きい。したがって，モータの電源であるインバータの電圧も大きく，ひいてはその電源であるバッテリーの電圧も高くしなければならない。

　HEVの製品動向として，モータの動力分担比率か大きくなりつつある。電圧が低いと電流を大きくせざるを得ず，導線のケーブルが太くなり曲げにくく，車載には問題が大きい。

　以上の理由により，200Vでは低すぎる。つまり電圧不足である。その対策として

　①　インバータの出力電圧を大きくする

　②　バッテリー電圧を昇圧チョッパで高くしてインバータに与える

方策がとられることもある。

　①は，インバータの電圧変調方式，つまりPWMに関わる。図12[5]にインバータ電圧変調方式を示す。同図(a)は通常のPWMである。インバータのPWMは降圧チョッパと原理的に同じである。インバータでは電源（バッテリー）の電圧をいわば「間引く」ので，インバータの出力電圧は必ず電源電圧より低くなる。つまり降圧される。同図(b)は過変調PWMである。電圧指令正弦波の最大値を三角波よりも大きくする。この正弦波が三角波より大きい期間はPWMが行われず，間引きがない分だけインバータ電圧を大きくできる。その代償として高調波は増える。同図(c)は，いわば過変調PWMの究極状態で，PWMを行わない。1パルスモードなどと呼ばれる。このときの電圧がインバータの出力電圧の最大値で，インバータではこれ以上にはできない。

　図13は，バッテリーとインバータの間に昇圧チョッパを挿入した原理構成図である。スイッチ素子SWがオフの時，バッテリー電圧にインダクタンスの電圧を足しあわせた電圧がインバータに与えられる。電圧の大きさ（amplitude）を制御することからPAM(Pulse Amplitude Modulation)制御と呼ばれる。

　以上の方法を組合せ，現在製品化されているHEVでは最高電圧を500V程度[5]としている。

1.1.7　HEVの駆動源の構成

　HEVには，モータとエンジンの連結方式により，図14(a)のシリーズ，(b)のパラレル，(c)(d)のシリーズ―パラレルの3方式に分類される。

　シリーズ方式は，モータとエンジンが完全に分離されている。エンジンは発電機の原動機としてのみ機能する。車輪の駆動トルクはすべてモータが発生する。この点でシリーズ方式はEVに近い。

　パラレル方式では，モータが発電機も兼ねる。発進時はモータがモータとして働く。モータのトルクはエンジンのトルクに加算され，エンジンを助ける（アシスト）。減速時は，モータが発電機として機能し，エンジンが原動機としてこれを駆動する。この時エンジンひいては車両には

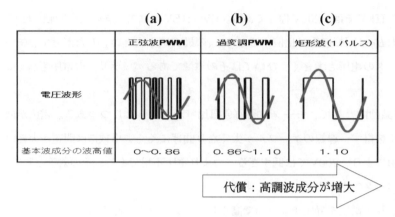

図12 インバータの変調方式

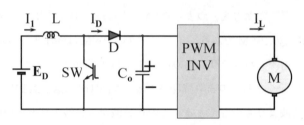

図13 バッテリーとインバータの間に昇圧チョッパを挿入したPAM制御の原理構成図

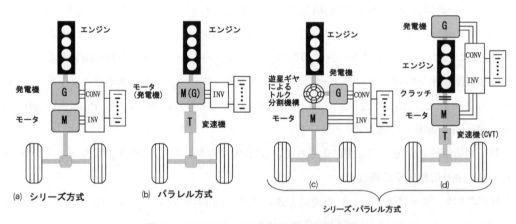

図14 HEVのモータとエンジンの連結方式

制動力が働く（リターダ）。走行中の車両の運動エネルギーが電気エネルギーとしてバッテリーに蓄えられる。このエネルギーを次回発進時に，言わば，使い回すことにより，省エネがなされる。通常の走行中にモータトルクを利用するか否かは，設計思想・仕様に依存するので，一概には言えない。

(c)のシリーズ—パラレル方式では，エンジンのトルクが遊星歯車で分割され，車輪および発

第4章 応用編

電機の両方の駆動トルクとして用いられる。現在製品化されている事例では，その比率が1：3程度で発電機へ供給される割合の方が大きい。この事例の設計思想は，エンジンを常にその最高効率の動作点で作動させ，運転中時々刻々変わる車輪駆動トルクと，ほぼ一定のエンジントルクとの差をモータトルクが埋め合わせる，というものである。

　(d)のシリーズ―パラレル方式は，過去に製品として採用された事例がある程度である。

1.2　鉄道

　次世代モーダルシフトのもう一方の移動手段が鉄道である。国土交通省のモーダルシフトと同じである。違いは，貨物輸送用ではなく，人員移動用の鉄道である，という点である。

　電車の形態としては，

①　従来の電車

②　LRT（Light Rail Transit）

がある。

　従来の電車の事例としては

①　京都観光の乗り入れとして，例えば，自宅からは一部名神高速道を使い最寄りのJRの駅まで行き，そこで電車に乗り換えて京都に入る。名神高速道をまたぐ陸橋に，これを推奨する横断幕が掲げられている。

②　三岐鉄道㈱では，通勤・通学・買い物などで，パークアンドライドを目指している。

　パークアンドライドの成功の鍵は，利用者に，最終目的地まで自動車を使わない気にさせることにある。最終目的地までの所要時間が短いことは言をまたない。肝心なのは，

・最寄り駅での駐車に問題がないこと，つまり駐車場が十分に広いこと

・駐車料金が安いこと，できれば無料であること

である。三岐鉄道㈱ではこれをある程度実践していて，一定の成果を上げている。

　LRTは，在来線と路面電車のいわば中間の鉄道である。路面電車のように市街地を走るのはもちろんだが，郊外に出ると在来線の速度・駅間隔で運行される。市街地まで乗り入れる点が上例の在来線とは大きく異なり，利便性が一層高い。

　実例としては，㈱富山ライトレールが運行するLRT（ポートラム）がある。上記の駐車場対策は当然のこととして実施されている。加えて，各駅には，LRTの運行時刻に合わせてその駅に発着する路線バスが運行されている。

　ポートラムの摘要は以下の通りである[1]。

・消費電力2.8 kWh/km

・現状のデータとして，乗客数164万人／年，運行頻度66往復／日より，乗客は半道を乗車と

仮定して平均乗客数を計算すると17.0人。(ただし，この乗客定員は80人であり，最大乗客数は乗車率200％として160人)
・人・kmあたりの消費エネルギー原単位Eは，E＝0.16 kWh/(人・km)

1.3 モーダルシフトの今後

国土交通省が主唱するモーダルシフトとはことなり、次世代モーダルシフトは公的主導・支援が今のところない。

次世代モーダルシフトを成立させるには、パワーエレクトロニクスをはじめとする主要要素技術のいっそうの向上と併せて、鉄道を中心とする一種の社会システムの構築も必須である。このシステムの構築と、それへこれら技術を有効に適用するためには、公・民を問わず何らかの推進主体の設立が望まれる。

文　　献

1) 大橋弘通ほか，新エネルギー・産業技術総合開発機構（NEDO),「2050年における省エネルギー社会の実現に向けた電気エネルギー有効利用に関わるグリーンエレクトロニクス技術」に係る調査研究, p.103（2009）
2) 福永博俊，電気学会誌，124巻，11号，p.695（2004）
3) 森本雅之，カーエレクトロニクス技術全集, p.277, 技術情報協会（2007）
4) 武田洋次ほか，埋込磁石同期モータの設計と制御, p.23, オーム社（2001）
5) 稲熊幸雄ほか，永久磁石モータ（PM）制御の基礎と応用, p.73, トリケップス（2006）

2 情報通信システム用電源

二宮 保*

2.1 はじめに

近年の半導体技術の急速な進歩によりLSIの高機能化や高密度化がもたらされ，その結果，様変わりをみせている通信分野における技術をIT（Information Technology）と総称している。このITの中心課題はソフトウェア技術やコンテンツ創成であろうが，それらを処理するハードウェア装置の高性能化なくしては実現しないし，更に，それらの装置を駆動する高品質の電力エネルギー源なしでは，目標は達成できない。最近，IT分野においては，動画像処理が急増し，2025年には，情報処理量は200倍，消費電力は5倍以上の増加が予測されている。このようなIT機器の駆動には，高安定な低電圧大電流の直流電源が要求されており，厳しい電力変換・制御性能を達成するには，最近の新型半導体パワーデバイスに期待するところ大である。

本稿では，IT装置の駆動電力を供給する観点からはIT社会の心臓部とも言える電力供給システムの技術的側面を概観する[1~4]。

2.2 情報通信システムにおける分散給電システム

現在の情報通信サービス業務に用いられている各種IT機器の電力供給システムとして，図1の分散給電システムが一般的である。各機器までの給電は，図1(a)に示すように，商用交流を整流した公称値-48Vの直流と，UPS（無停電電源装置）を介した交流の2種類が用いられている。通信システムの基幹となる交換装置や伝送装置へは，交流電源よりも信頼性の高い直流電源が供給されており，現在はルータやスイッチなどのIP（Internet Protocol）系通信装置に対しても直流給電が普及しつつある。

一方，48Vの供給を受けた後の各機器のボード内の電源構成は従来と大きく変わっている。図1(b)に示すように，48Vの電圧を一旦12Vや5Vなどの中間バス電圧に降圧し，これを最終負荷LSIの要求する3.3Vや1Vの低電圧に降圧する2段構成が用いられている。従来，コンバータを2段接続することは効率低下につながるという既成概念に捕らわれていたが，2段構成にすることで個々のコンバータの設計自由度が増し，1段構成の場合より高効率を達成できることが確認されている。また，IT装置の省エネルギー化のために，そこに用いられているマイクロプロセッサ（MPU）の使用・休止が頻繁に行われ，電流の急激な変化が発生している。その場合にも供給電圧の変動は2～3％程度しか許容されず，配線の寄生抵抗や寄生インダクタンスなどの高速応答を阻害する要因を除去しなければならない。そのために，MPUの直近にコンバータを

---

* Tamotsu Ninomiya 長崎大学 工学部 エネルギーエレクトロニクス学講座 教授

パワーエレクトロニクスの新展開

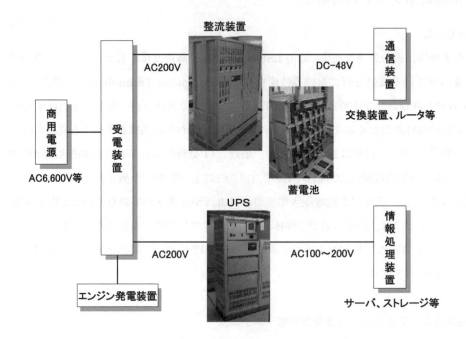

（a）通信システム用分散給電構成

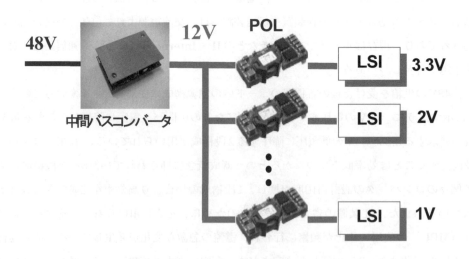

（b）通信機器ボード内の分散給電構成

図1　通信システム全体の分散給電システム[1]

設置する構成法（POL：Point of Load）が採用されている。

このように情報通信システムには，様々な形態の電源装置が用いられており，図2に分類の一例を示す[3]。これら電源装置は，その出力をパワー半導体スイッチの高周波スイッチング動作で制御しているため，「スイッチング電源」と総称している。

2.3　スイッチング電源の高性能化技術

図1および2に示すように，情報通信システムには電力容量や使用条件からみて各種形態のスイッチング電源が用いられているが，すべてのスイッチング電源は，小形軽量・高効率を最大の特長としている。一方，スイッチで電流の切替を行うという本質的な動作から，寄生要素に起因したスイッチングノイズの発生という最大の欠点を有する。ここでは，これらの評価要因を，①サイズ低減，②損失低減，③ノイズ低減，の3つの項目に分け，それらの性能向上に有効な技術項目を整理して図3に示している。これら以外の評価項目として，最近の急峻な負荷変動に対応した「高速応答化」や従来から常に厳しい要求を突きつけられている「低コスト化」などが挙げられる。

ここに挙げた性能改善技術のなかで最も有効な手法として広く用いられているのが，アクティブクランプ回路を代表例とする「ソフトスイッチング技術」である[4]。これは，原理的にスイッチング損失低減とノイズ低減に有効である。従って，損失が低減され高効率になれば小形化も達成できる。ハーフブリッジやフルブリッジ等の複数のスイッチを持つ回路構成では，ソフトスイ

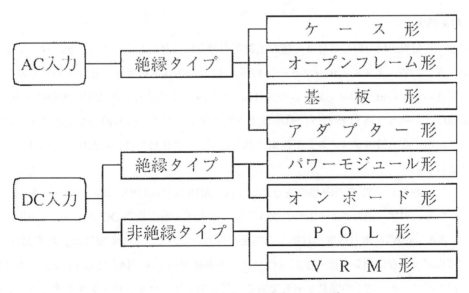

図2　スイッチング電源の形態による分類[3]

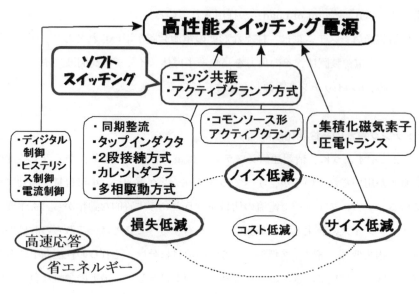

図3　スイッチング電源の高性能化技術

ッチングが実現でき，低ノイズ化の手法として広く採用されている。また，ソフトスイッチングの応用例として「共振形コンバータ」が提案され，そのうち，半導体スイッチのオン時の電流が擬似正弦波状となる「電流共振形コンバータ」が実用化され，高効率・低ノイズ電源として広く採用されている。

2.4　将来動向

先に述べた情報通信分野における今後の消費電力の急増に対応して，最近，データセンターや通信ビルなどの省エネルギー化（グリーンIT化）技術が注目を集めている。そのうちの一つとして，現在の48Vの直流給電システムの代りに，商用交流を整流した直流電圧を380〜400V程度の高電圧に昇圧し，各IT機器への給電電流を低減することで，給電損失や配線コストの低減を図る「高電圧直流給電システム」が提案されている。この領域では，高耐圧素子のSiCの活躍が期待される。

一方，サーバなどのIT機器内部の電源としては，MPU周りのPOLコンバータの小型化が注目されている。現状，出力が1〜3.3V/100A程度の低電圧大電流DC-DCコンバータが用いられており，30W/cm^{3}の高電力密度を目指した開発が行われている。その実現には，数十MHz以上の高周波化が可能な低損失・低寄生容量のパワー半導体デバイス（例えばGaNなど）や高周波域で低損失のフィルタ素子の開発が必要である。将来的には，マイクロインダクタやマイクロキャパシタをも含めたワンチップコンバータの実現が期待されている。

第4章 応用編

文　　献

1) 二宮, 遠藤,「IT時代を支えるスイッチング電源技術―総論」, 電気学会誌, 第125巻12号, pp.752-753 (2005.12)
2) 財津, 上松,「IT時代を支えるスイッチング電源技術―分散電源システムの最新動向」, 電気学会誌, 第125巻12号, pp.762-765 (2005.12)
3) 富岡,「IT時代を支えるスイッチング電源技術―電源の小型化実装技術の最新動向」, 電気学会誌, 第125巻12号, pp.766-769 (2005.12)
4) 平地,「IT時代を支えるスイッチング電源技術―ソフトスイッチング技術の最新動向」, 電気学会誌, 第125巻12号, pp.754-757 (2005.12)

| パワーエレクトロニクスの新展開　《普及版》 | （B1136） |

2009年 9月 4日　初　版　第1刷発行
2015年 8月10日　普及版　第1刷発行

監　修	大橋弘通，木本恒暢	Printed in Japan
発行者	辻　賢司	
発行所	株式会社シーエムシー出版	

東京都千代田区神田錦町 1-17-1
電話 03 (3293) 7066
大阪市中央区内平野町 1-3-12
電話 06 (4794) 8234
http://www.cmcbooks.co.jp/

〔印刷　株式会社遊文舎〕　　　　　Ⓒ H. Ohashi, T. Kimoto, 2015

落丁・乱丁本はお取替えいたします。

本書の内容の一部あるいは全部を無断で複写（コピー）することは，法律で認められた場合を除き，著作者および出版社の権利の侵害になります。

ISBN978-4-7813-1029-9　C3054　¥3200E